Sw

Kata Uhren

ISBN-Nr. 3-929025-23-X

International Version 1997/1998

Verantwortlich für Inhalt und Fotos:
Responsible for content and pictures:

Axel Hennel • Malte Strauss • Jürgen Berg

Weitere Fotos:
Additional pictures:

Swatch AG • Rob Versteeg

Swatch-Collector

Katalog für Swatch Uhren

Erhältlich bei: • Available at:

Deutschland: SU Verlag GmbH
Herderstraße 28 · D-65185 Wiesbaden
Fax: ++49 (0)611-99081-11 · Info - Line: ++49 (0)611-99081-19
E-Mail: collectors_book@compuserve.com
Internet: http://suverlag.com
http://ourworld.compuserve.com/homepages/collectors_book

Netherlands and Belgium: Squiggly Trading B.V.
Bergselaan 163a · 3037 BJ Rotterdam · The Netherlands
Tel.: ++31 (0)10-4665090 · Fax: ++31 (0)10-4655038

Schweiz: Galerie Inauen
Schifflände 12 · CH-8001 Zürich
Tel.: ++41 (0)1-252-5697
Fax: ++41 (0)1-252-6211

Great Britain: The Art of Swatch
11 Brompton Arcade
Knightsbridge SW3 1DY London, England
Tel. & Fax: ++44 (0)171 - 589-1200

France: Elysée Collector's & Trading
9 rue Jean Mermoz · 75008 Paris · France
Tel. & Fax: ++33 1-45 63 02 70

USA & Canada: Collectors Mail Service, L.C.
134 Springhurst Circle · Lake Mary · FL 32746 · USA
Toll Free: 1-888-610-BOOK · Local Phone: (407) 328-4333
Fax: (407) 328-83 5

Singapore: Riccino Trading
23 Jln Sayang · Singapore 418642
Tel.: ++65 444-7550 · Fax: +–65 446-0679
Pager: ++65 9310-9442

Japan: Memex Incorporated
4-9-8 Minamiseba, Cho-ku
Osaka 542 · Tel.: ++81 6-281-2828
Fax: ++81 6-258-4440

Taiwan: Tang Yung Co. Ltd.
8F-2, No. 291 Sec. 2 Fu Hsing S. Rd.
Taipei Taiwan, R.O.C.
Tel.: ++886 (0)2 708 - 9572 & 9092
Fax: ++886 (0)2 703 - 1642

THANKS

Christine Bläsi, Jirco Bondy, Lynne Cheson, Marc Djunbushian, Collectors Gallery, Marianne Egli, Matthias Eisele, Joseph und Caroline Falcone, Claudine Fröhlicher, Jochen Hämmerle, Stefan Kastner, Willi Köhler, Dan Komar, Peter "Maxi" Kranendonk, Andre Laux, Stephan Ott, Dieter Posmik, Manuela Sigrist, Alan Sprink, Stefan Steinle, Rob "Squiggly" Versteeg, Andreas Wiethoff, Thina und die Deutschland Crew, ...

... und alle, die uns sonst noch geholfen haben.

INHALT • CONTENTS

Liebe Leserin, lieber Leser!

Herzlichen Dank für Ihre Entscheidung zum Kauf unseres Sammlerkataloges. Dieser wurde gegenüber den Vorjahren nochmals erheblich erweitert und stark überarbeitet. Im Vergleich zur Ausgabe des Jahres 1996 ist der Umfang auf nunmehr 560 Seiten gewachsen, sämtliche Modelle von den Anfängen im Jahre 1983 bis zur Herbst/Winterkollektion 1997 sind abgebildet: insgesamt mehr als 1900 Uhren. Insbesondere die Abbildungen vieler älterer Uhren genügten nicht mehr heutigen Qualitätsansprüchen und wurden daher erneuert, das Kapitel über die Maxi-Uhren wurde komplett redaktionell überarbeitet. Das umfangreiche Thema der verschiedenen Verpackungen wurde neu aufgegliedert: Verpackungen von Uhren, die nur in diesen speziellen Verpackungen erhältlich waren sind zusammen mit den entsprechenden Uhren abgebildet, Sonderverpackungen für ansonsten in der normalen Klarsichtbox erschiene Uhren im eigenen Kapitel "Special Box". Ansonsten blieb alles bei der bewährten Gliederung, einzige Ausnahme stellt das Weihnachtsspecial 1997 dar, das aufgrund von Platzmangel auf der Seite 14 abgebildet werden mußte.

Ende 1997 schlug das Unternehmen SMH ein neues Kapitel in der Firmengeschichte auf. Ein völlig neu konstruierter, in Hinsicht auf Minitaturisierungsgrad und Technik bisher nie für möglich gehaltener Uhrentyp erschien: Skin - so dünn, daß sie sich wie eine zweite Haut anschmiegt. Das Jahr 1997 markiert ein weiteres aufsehenerregendes Ereignis: "Smart", das Swatch-Auto. Konzipiert von SMH, in technischer Hinsicht ein Kind des Unternehmens Mercedes-Benz. Das Vertriebskonzept ist einmalig für die Kraftfahrzeugbranche: in speziellen Zentren nahe der Ballungsgebiete kann man sich das Fahrzeug in der gewünschten Ausstattung aussuchen, ansehen und sofort mitnehmen, samt Zulassung und Versicherung. Natürlich gab es zum Start des Swatch-Car Verkaufes auch die passende Uhr.

Die Preise in diesem Katalog beziehen sich auf ungetragene Uhren ohne Schachtel. Die Plastikverpackung und der Garantieschein gehören zwar zum Lieferumfang, werden aber bei unserer Preisgestaltung nicht berücksichtigt. Obwohl einige Sammler Wert auf eine rundum originale Uhr mit Schachtel legen, sehen wir nur bei denjenigen Swatches, die mit einer Sonderverpackung (Specials, Arts, ...) ausgeliefert wurden, einen Grund diese in die Preise einzubeziehen. Jeder dem es wichtig erscheint, nur Uhren mit dem entsprechenden Kästchen und Garantieschein zu sammeln, muß sich gerade bei älteren Swatches auf eine lange Suche einstellen.

Bei der Umrechnung haben wir uns auf den gerundeten amtlichen Mittelkurs vom 09. Oktober 1997 (DM 100,- ≈ SFR 83,20 ≈ ÖS 704,- ≈ US$ 57,- ≈ GB 35,40 ≈ JP 6978,- ≈ Lit 98804,-) bezogen. Die Preise orientieren sich am europäischen Sammlermarkt, dennoch sind Abweichungen von Land zu Land möglich. Der Preisermittlung liegen zahlreiche Umfragen bei führenden Sammlern und Händlern zugrunde.

Wir weisen auch dieses Mal wieder darauf hin, daß es sich bei diesem Katalog nicht um ein Erzeugnis der Firma "Swatch" bzw. "SMH" handelt und in keinerlei wirtschaftlicher Verbindung zu diesem Unternehmen steht. Der Katalog erscheint unabhängig von Swatch und wird von der "SU Verlag GmbH" vertrieben. Bei Fragen zu den Uhren und zum Swatch-Club wenden Sie sich bitte direkt an die Firma Swatch (Biel, Schweiz). Sie können sich auch gerne an die im Anzeigenteil ab Seite 537 genannten Händler wenden. Im Anzeigenteil finden Sie auch aktuelle Börsentermine.

Wir wünschen Ihnen weiterhin viel Spaß beim Swatchen.

Ihr Team des SU-Verlags, November 1997

Dear Swatch enthusiast!

Thank you very much for your decision to buy our collectors catalouge which has been largely expanded and modified. This years edition shows pictures of all Swatches from the beginning in 1983 untill the Fall/Winter season 1997: more than 1900 watches on 560 pages. Many pictures of older models have been taken anew to satisfy higher levels of quality, the chapter on the Maxis was completely revised. The wide area of special boxes was split up: Special boxes for watches that were available only in these packings are shown together with the corresponding watch. Special packings for watches otherwise released in normal transparent boxes are in their own chapter "Special Box". Apart from that the succesfull structure of the catalouge was unchanged. The only exception is the Christmas Special 1997 which couldn't be shown at the appropriate place. Because of lack of space it is shown on page 14.

The end of 1997 marks a new chapter in the histroy of SMH. A completely new designed type of watch appeared, a milestone in terms of miniaturisation: Skin - almost as thin as human skin. In 1997 an other outstanding event occured: "Smart", the Swatch-car. Conceived by SMH, technically realised by Mercedes-Benz. The marketing concept is unique for the buisiness: the customer can choose, look at and directly take home exactly the car of his dreams at purpose-built centres near large towns. Insurance and registration is included. Naturally a corresponding Swatch-watch showed up for the beginning of sales.

All the prices given in this book refer to unused watches. A new watch is always delivered with the standard plastic box and the guaranty coupon, but we do not include them in these prices. Some collectors may think that only a Swatch with the original plastic box and warranty is complete, but we believe that only the special packagings (Specials or Arts) should be considered for the collectors value. Those who want to own the original plastic box should know that they will have to spend a lot more time and money to get what they are looking for.

The values are based on an average, rounded off, official rate of currency exchange as of October 9th 1997 (DM 100,- = SFR 83.20 = ÖS 704.- = US$ 67.- = GB 35,40.- = JP 6978.- = Lit 98804.-). These values are based on the European collectors market and they sometimes vary from country to country.

To avoid any misunderstandings we draw your attention again to the fact that this catalogue is not a product of Swatch AG/SMH. This catalogue is published and distributed independently by "SU Verlag GmbH". If you need information about watches and "Swatch - The Club" please contact Swatch AG (Biel, Switzerland). You can certainly also contact one of the dealers advertising in this catalouge from page 537 on.

We wish you lots of fun Swatch-hunting.

Your SU-Team, November 1997

icle Numbers:

G B 0 01

G

- B = POP-WATCH (1986-88)
- G = GENTS
- L = LADY
- PAN = PAGER NUMERIC
- PAT = PAGER TONE
- PM = POP MIDI
- PU = POP-UP
- PW = POP-WATCH (1991 ->)
- PWB = POP-WATCH (1989-90)
- SA = SWATCH-AUTOMATIC
- SB = AQUACHRONO
- SC = SWATCH-CHRONO
- SD = SWATCH-DIVER (SCUBA)
- SE = AQUACHRONO MID SIZE
- SF = SKIN
- SK = ACCESS
- SL = SWATCH MUSICALL
- SS = STOP-SWATCH
- YC = IRONY CHRONO
- YD = IRONY SCUBA
- YG = IRONY GENTS
- YL = IRONY LADY
- YS = IRONY SMALL

B

- A = ANTHRACITE
- B = BLACK
- C = COFFEE (BROWN)
- F = FEATHERS (BROWN TRANSPARENT)
- G = GREEN
- G = GOLD (IRONY)
- I = INDIGO (BLUE)
- J = YELLOW
- K = CLEAR/TRANSPARENT
- M = METAL GREY
- L = LIME (BLUE-GREEN)
- N = NAVY BLUE
- O = ORANGE
- P = PINK
- R = RED
- S = SURFBLUE (MEDIUM BLUE)
- S= SILVER (IRONY)
- T = TAN
- V = VIOLETT
- W = WHITE
- X = METALCAP
- Y = TWISTOFLEX-BRACELET + METALCAP
- Z = SPECIALS

0

- 0 = 2 HANDS
- 1 = 3 HANDS
- 4 = 3 HANDS WITH DATE OR MOVING ITEM
- 7 = 3 HANDS WITH DATE AND DAY OR WITH 2 MOVING ITEMS (EXAMPLE: COLOR WINDOW GB 715)
- 9 = LOOMI

01

DIE BEIDEN FOLGENDEN ZIFFERN GEBEN DIE FORTLAUFENDE NUMERIERUNG DER JEWEILIGEN AUSFÜHRUNG AN

THE NEXT TWO DIGITS DESCRIBE THE NUMBER OF EACH MODEL IN CONSECUTIVE ORDER

BEISPIEL • EXAMPLE:

GB 001 FROM 1983

G = GENTS WATCH

B = BLACK (BLACK CASE)

0 = WATCH WITH 3 HANDS

01 = FIRST MODEL IN BLACK

Bedeutung der Artikelnummern:

Der erste Buchstabe bei den Standard-Uhren steht für „G"ents (Herren) bzw. „L"adies (Damen).
Der zweite Buchstabe beschreibt in fast allen Fällen die Farbe des Uhrengehäuses. Hier sind geringe Abweichungen möglich. Die meisten Begriffe sind der Modebranche entlehnt. Bei allen anderen Uhren geben die ersten beiden Buchstaben Aufschluß über den Uhren-Typ, der letzte bezeichnet aber auch hier in den meisten Fällen die Gehäuse-Farbe. Die erste Ziffer nach den Buchstaben erklärt das Uhrwerk. Die beiden folgenden Ziffern sind die fortlaufende Numerierung der jeweiligen Ausführungen.

Hier ein paar Beispiele:

GB 001 aus 1983 (Abb.1)
G = Gent (Herrenuhr)
B = black (schwarz)
0 = 2-Zeiger-Uhr
01 = 1. Modell in schwarz in dieser Ausführung

LW 104 Dotted Swiss (ohne Abb.)
L = Lady (Damenuhr)
W = white (weiß)
1 = 3-Zeiger-Uhr
04 = 5. Modell in weiß in dieser Ausführung

GJ 700 Yamaha Racer (ohne Abb.)
G = Gent (Herrenuhr)
J = yellow (gelb)
7 = 3-Zeiger-Uhr mit Tag und Datum
00 = 1. Modell in schwarz in dieser Ausführung

GF 101 Lazuli (ohne Abb.)
G = Gent (Herrenuhr)
F = feathers (braun-transparent)
1 = 3-Zeiger-Uhr
01 = 2. Modell in braun-transparent in dieser Ausführung

Die Wochentag-Angabe des Uhrenkalenders ist in folgenden Sprachen möglich: Deutsch, Englisch, Französisch, Italienisch und Spanisch.

Meaning of the article numbers:

As first letter on the SWATCH-WATCH the „G" stands for Gents or „L" for Ladies.
The second letter describes the color of the watch case as listed next page, except for a few cases. Minor deviations are possible. With all other than SWATCH-WATCH the first letter indicates the type of watch. Here again the last letter describes the color of the case. The first digit explains the kind of movement the watch houses, the next two digits give the number for each model in consecutive order.

Some examples:

GB 001 from 1983 (Pic.1)
G = Gent (men's watch)
B = black (black case)
0 = watch with 2 hands
01 = 1st model made in black

LW 104 Dotted Swiss (no pic.)
L = Lady (ladies watch)
W = white (white case)
1 = watch with 3 hands
04 = 5th model made with a white casing

GJ 700 Yamaha Racer (no pic.)
G = Gent (men's watch)
J = yellow (yellow case)
7 = watch with 3 hands plus date and day
00 = 1st model made with black case

GF 101 Lazuli (no pic.)
G = Gent (men's watch)
F = feathers (brown transparent case)
1 = watch with 3 hands
01 = 2nd model made with brown transparent casing

The days on the calender discs were available in the following languages: English, French, Italian, German and Spanish.

Rückseite • Backside

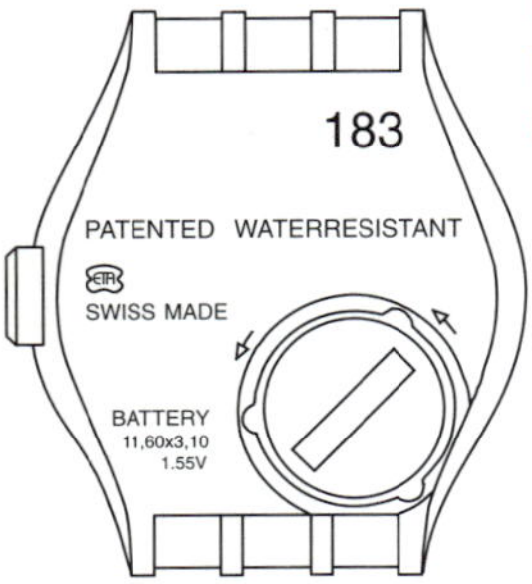

183
1 = Januar
83 = 1983

B83
B = November
83 = 1983

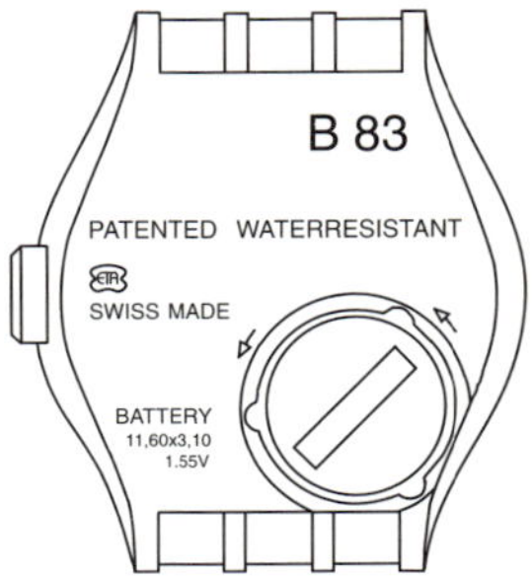

Auf der Rückseite der Uhren befinden sich noch zwei weitere eingestanzte Nummern. Bei der Zahl im oberen Drittel der Gehäuserückseite handelt es sich um das Herstellungsdatum.
Von 1983 bis teilweise 1985 wurde ein 3-stelliger Code benutzt. Die erste Stelle gab den Monat an, die zweite und dritte Stelle das Herstellungsjahr. Die Monate Januar bis einschließlich September waren mit 1 bis 9 gekennzeichnet, die Monate Oktober, November und Dezember mit A, B und C.

Ab 1986 ist das Herstellungsdatum codiert eingestanzt worden. Die 1. Zahl gibt Aufschluß über das Herstellungsjahr, 2. und 3. Zahl lassen erkennen, in welcher Woche die Uhr produziert wurde. Die 4. Zahl sagt aus, an welchem Tag die Uhr hergestellt wurde: Montag = 1. Tag, Dienstag = 2. Tag usw.. Der oft im Anschluß erscheinende Buchstabe „P" weist auf die herstellende Fabrik hin.
Auch hier wieder ein Beispiel: 1264
1 = 1991
26 = 26. Woche
4 = 4. Tag

Diese Uhr wäre also 1991 in der 26. Woche am 4. Tag hergestellt worden.

On the backside of the watch you will find two more imprinted numbers. The one in the upper third describes the manufacturing date. From 1983 till 1985 the number indicates the year and the month, from 1986 on it indicates the day as well. The first digit will indicate the month, the second and third the year of manufacturing. The months January till September are indicated by the numbers 1 - 9, the months October, November and December are A, B und C.

From 1986 on the manufacturing date was coded. The first digit will indicate the year of manufacturing. The second and third digit will indicate the week of manufacturing. And the fourth digit will indicate the day of manufacturing: Monday = 1. day, Tuesday = 2. day etc. The letter P in the ending of the number code indicates the factory this watch was made in.
For Exampale: 1264
1 = 1991
26 = 26th week
4 = 4th day

This watch would have been manufactured on the 4th day of the 26th week in 1991.

Bei Damenuhren und Uhren mit Damenwerk wurde auf die Angabe des Herstellungstages verzichtet, das hier erscheinende S weist auf den Herstellungsort hin, in diesem Falle Sion.
Bei Chronos hat man sich für einen 2-stelligen Code entschieden.

Beispiel: 22
2 = 1992
2 = Februar

Beispiel: 1A
1 = 1991
A = Oktober

Bei den Scubas mit Damenuhrwerk wurde das Codierungsverfahren der Damenuhren übernommen.
Bei den Scubas mit Herrenuhrwerk wurde auf eine Codierung ganz und gar verzichtet.
Bei der Zahl im linken unteren Drittel der Gehäuserückseite handelt es sich um den Ländercode. Bitte entnehmen Sie die Bedeutung dieser Zahlen der Liste mit den Countrycodes.
Früher waren diese Zahlen 3-stellig, heute sind sie 4-stellig. Die Ergänzung erfolgte durch das Vorsetzen einer weiteren Zahl. Früher hatte Frankreich die Ländernummer 448, heute 7448.
Von 1992 an wurde bei den Chrono-, Scuba- und Automatic-Uhren auf die Angabe des Ländercodes auf der Rückseite verzichtet. Statt dessen wird der Ländercode per Laser durch das Zifferglas auf das Zifferblatt eingraviert.

The lady-watches and watches with ladyworks (small-movement) have no imprinted day-code. The „S" in front of the code stands for the location of the factory, SION in this case.
With the Chronos a 2-digit code is used.

Example: 22
2 = 1992
2 = February

Example: 1A
1 = 1991
A = October

Scubas with lady-works use the coding of lady-watches. Scubas with gent-works are not coded at all.
The number on the lower left part of the backside is the countrycode. Please look at the listing of country codes.
In the early days the company used three digits and later on they switched to four digits by adding one digit in front of the old code.
For example: 448 (countrycode for France) became 7448.
From 1992 on they stopped using the countrycode on the backside of the casing for Chrono-, Scuba- and Automatic-watches.
Instead the code is engraved by Laser on the face.

Armband • Bracelet

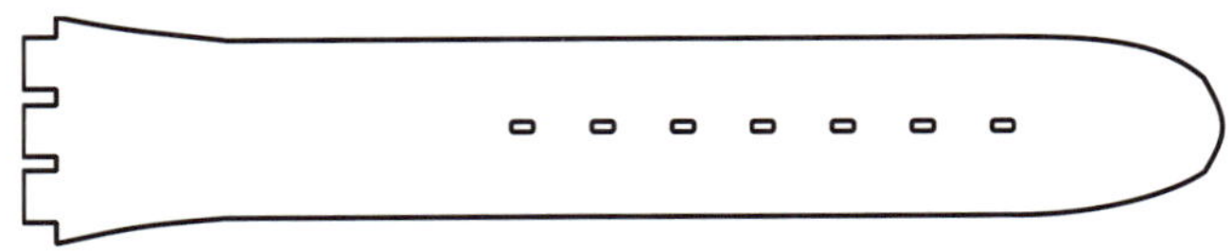

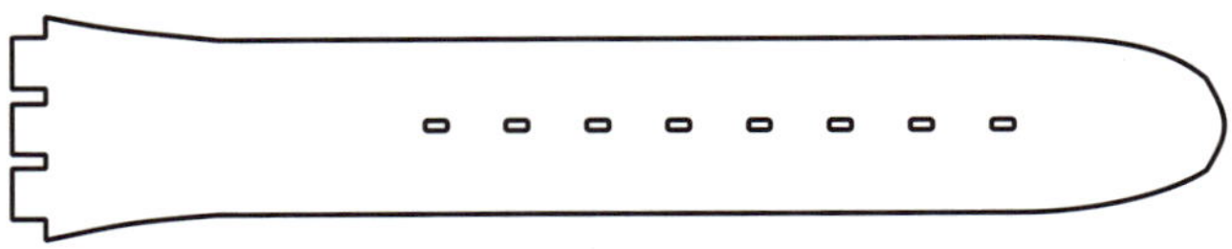

Alle in den Jahren 1982 und 1983 verwendeten Armbänder hatten sieben Löcher im unteren Armbandteil. 1984 wurde ein weiteres Loch hinzugefügt, so daß ab diesem Jahr acht Löcher im unteren Armbandteil vorkommen. Für ein paar Versionen und Farbtöne wurde das Sieben-Loch-Armband etwas länger verwendet.1987 bekam das Locharmbandteil die Inschrift „SWATCH", diese wurde im Anschluß an die Armbandlöcher eingestanzt.1988 wurde diese Inschrift nochmals verändert und erscheint nun etwas fetter und tiefer. Bei lackierten und bedruckten Armbändern kommt keine Inschrift vor. Das Fachhandellogo der Schweizer Uhrenfachgeschäfte auf den Damen- und Herrenarmbändern findet man bis 1986 auf den in der Schweiz durch den Fachhandel verkauften Uhren.

All Swatch bracelets used in 1982 and 1983 had seven holes at the lower part. In 1984 the company added one more hole, so from then on you could say the lower bracelet had eight holes. A few exceptions are counted for. In 1987 Swatch added the imprint „SWATCH" on to the lower band. In 1988 this imprint was changed again for a deeper and larger version. If the bands are painted or printed you will find no imprint at all. The „Fachhandellogo" from the swiss watch shops is imprinted till 1986 and found on Swatch watches witch have been sold thruout switzerland only by the specialized watch dealers.

Fachhandellogo

Country Codes

234 Singapore · Singapur
541 Switzerland · Schweiz
671 United Arab Emirates · Vereinigte Arabische Emirate
747 Bahamas
754 France · Frankreich
762 Mexico · Mexiko
2355 Austria · Österreich
4301 Netherlands · Holland
4573 Sweden · Schweden
5629 England/Northern Ireland · England/Nordirland
5742 Germany · Deutschland
5753 Belgium/Luxemburg · Belgien/Luxemburg
5755 USA
5824 Hong Kong
6052 Finland · Finnland
6103 Australia · Australien
6107 Canada · Kanada
6108 Norway · Norwegen
6129 Spain · Spanien
6131 Japan
6449 Denmark · Dänemark
6538 New Zeeland · Neuseeland
6546 Ireland · Irland
6549 Italy · Italien
6730 Kenya · Kenia
7267 Portugal
7342 Greece · Griechenland
7345 Argentina · Argentinien
7347 Dutch Antilles · Niederl. Antillen
7398 Malta
7400 USA
7448 France · Frankreich
7683 Canada · Kanada
7700 Malta
9003 Switzerland · Schweiz

Bei der Zahl im linken unteren Drittel der Gehäuserückseite handelt es sich um den Ländercode. Bitte entnehmen Sie die Bedeutung dieser Zahlen der Countrycode-Liste.
Früher waren diese Zahlen 3-stellig, heute sind sie 4-stellig. Die Ergänzung erfolgte durch das Vorsetzen einer weiteren Zahl. Z.B. Frankreich: früher 448, heute 7448. Von 1992 an wurde auf die rückseitige Angabe des Ländercodes bei den Chrono-, Scuba- und Automatic-Uhren verzichtet, stattdessen wird dieser auf dem Ziffernblatt eingraviert.

The number on the lower left part of the back is the countrycode. Please look up in listing of country codes.
In the early days the company used three digits and later on they switched to four digits by adding one digit in front of the old code. For example 448 (countrycode for France) became 7448. From 1992 they stopped using the countrycode on Chrono-, Scuba- and Automatic-watches on the back of the casing. Instead of this Swatch engraves the code on the face.

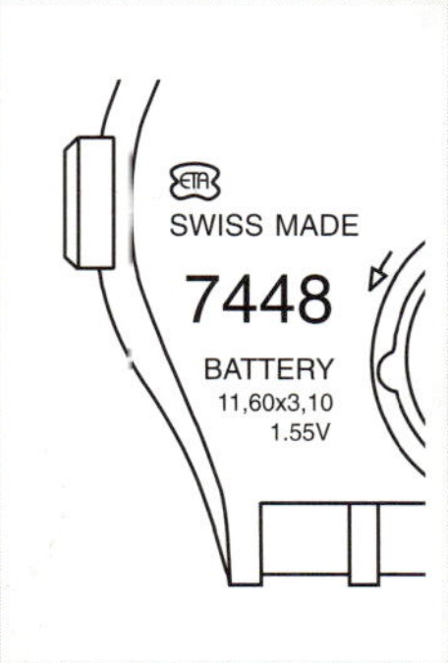

Christmas Special 1997
Seasons Greetings

Adventskalender als Packung zum Christmas Special 1997.
Die Uhr verbirgt sich hinter dem ersten Türchen. Hinter den anderen Türen befinden sich Accessoires zur Dekoration der Uhr.
Christmas calendar as packing for the Christmas Special 1997.
The watch is hidden behind door No. 1, accessories to decorate the watch are behind the other doors.

... rund um die Swatch: andere Sammelartikel.
... around the Swatch: other collectibles.

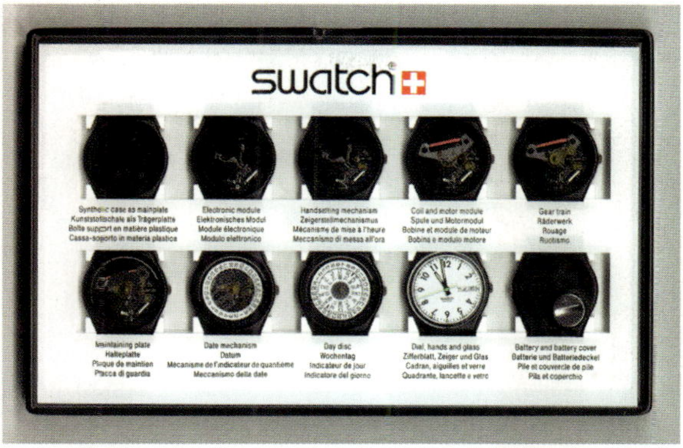

Einzelne Arbeitsschritte bei der Herstellung einer Swatch.
Stages of production for a Swatch.

1

2

1, 2: Thekendisplays als Blickfang, Uhren kleiner als Maxis.
3: Automatic Man zur Einführung der Swatch Automatic in Deutschland. Durch die Rotation der ganzen Uhr wird das Federwerk aufgezogen.
4: Scuba Display.
5: Stop-Watch Display.

1, 2: Displays as an eyecatcher, watches smaller than Maxis.
3: Automatic Man, released at the introduction of Automatics in Germany. Spring is wound up by rotation of the whole watch.
4: Scuba Display.
5: Stop-Watch Display.

5

3
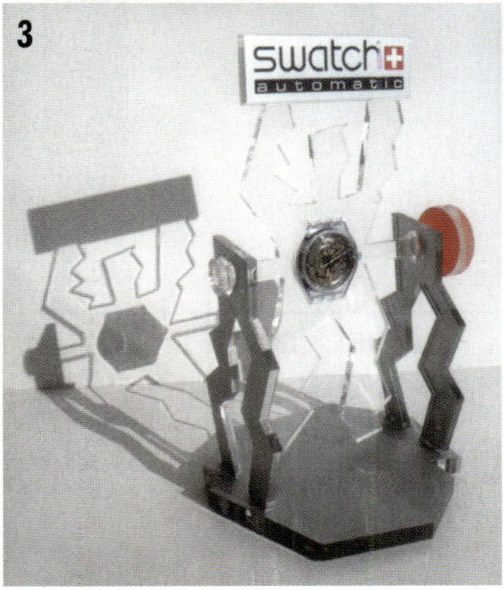

4

1983 - SWATCH-WATCH

SWATCH-WATCH

GB 101 GR 100 GT 101 GG 100

	DM	SFR	ÖS	US$	GB£	JP¥	LIT
GB 101	800	660	5.600	460	280	55.000	781.000
GR 100	1100	900	8000	600	400	8.0000	109.0000
GT 101	2.000	1.660	14.100	1.160	710	140.000	1.976.000
GG 100	2.400	1.990	16.900	1.390	850	167.000	2.371.000

GC 101 GR 102 GN 101 GB 700 GB 702

	DM	SFR	ÖS	US$	GB£	JP¥	LIT
GC 101	3.100	2.570	21.800	1.800	1.100	216.000	3.063.000
GR 102	2.800	2.320	19.700	1.620	990	195.000	2.767.000
GN 101	2.000	1.660	14.100	1.160	710	140.000	1.976.000
GB 700	1.050	870	7.400	610	370	73.000	1.037.000
GB 702	800	660	5.600	460	280	56.000	790.000

1983 - SWATCH-WATCH

GN 701 GT 700 GG 700 GG 400 GC 700

	DM	SFR	ÖS	US$	GB£	JP¥	LIT
GN 701	450	370	3.200	260	160	31.000	445.000
GT 700	2.000	1.660	14.100	1.160	710	140.000	1.976.000
GG 700	550	460	3.900	320	190	38.000	543.000
GG 400	3.800	3.150	26.700	2.200	1.350	265.000	3.755.000
GC 700	500	420	3.500	290	180	35.000	494.000

SWATCH-WATCH - 1983

GR 101 GB 701 GB 401 GG 701 GT 701

	DM	SFR	ÖS	US$	GB£	JP¥	LIT
GR 101	1.800	1.490	12.700	1.040	640	126.000	1.778.000
GB 701	1.100	910	7.700	640	390	77.000	1.087.000
GB 401	3.600	2.990	25.300	2.090	1.270	251.000	3.557.000
GG 701	2.700	2.240	19.000	1.570	960	188.000	2.668.000
GT 701	3.200	2.660	22.500	1.860	1.130	223.000	3.162.000

1983 - SWATCH-WATCH

GT 100 — GN 100 — GB 001 — GR 700 — GN 700

	DM	SFR	ÖS	US$	GB£	JP¥	LIT
GT 100	1.200	1.000	8.400	700	420	84.000	1.186.000
GN 100	2.100	1.740	14.800	1.220	740	147.000	2.075.000
GB 001	1.200	1.000	8.400	700	420	84.000	1.186.000
GR 700	750	620	5.300	440	270	52.000	741.000
GN 700	450	370	3.200	260	160	31.000	445.000

GN 400 GT 702 GT 402 GB 100 GC 100

	DM	SFR	ÖS	US$	GB£	JP¥	LIT
GN 400	2.300	1.910	16.200	1.330	810	160.000	2.272.000
GT 702	600	500	4.200	350	210	42.000	593.000
GT 402	2.300	1.910	16.200	1.330	810	160.000	2.272.000
GB 100	1.200	1.000	8.400	700	420	84.000	1.186.000
GC 100	1.400	1.160	9.800	810	500	98.000	1.383.000

1983 - SWATCH-WATCH

GW 100   GW 101   GB 402   GB 703

	DM	SFR	ÖS	US$	GB£	JP¥	LIT
GW 100 Tennis Grid	800	660	5.600	460	280	56.000	790.000
Tennis Grid (rot / red)	1.100	910	7.700	640	390	77.000	1.087.000
GW 101 Tennis Stripes	3.000	2.490	21.100	1.740	1.060	209.000	2.964.000
GB 402	850	710	6.000	490	300	59.000	840.000
GB 703	2.300	1.910	16.200	1.330	810	160.000	2.272.000

SWATCH-WATCH - 1983

GG 702 GG 702 GM 700 GR 103 GN 001

	DM	SFR	ÖS	US$	GB£	JP¥	LIT
GG 702	750	620	5.300	440	270	52.000	741.000
GG 702 (Dünne Zeiger / Thin Hands)	750	620	5.300	440	270	52.000	741.000
GM 700	300	250	2.100	170	110	21.000	296.000
GR 103	500	420	3.500	290	180	35.000	494.000
GN 001	500	420	3.500	290	180	35.000	494.000

1983 - SWATCH-WATCH

GT 403 GB 103 LB 100 LR 101 LR 100

	DM	SFR	ÖS	US$	GB£	JP¥	LIT
GT 403	550	460	3.900	320	190	38.000	543.000
GB 103	1.600	1.330	11.200	930	570	112.000	1.581.000
LB 100	1.600	1.330	11.200	930	570	112.000	1.581.000
LR 101	1.700	1.410	12.000	990	600	119.000	1.680.000
LR 100	1.800	1.490	12.700	1.040	640	126.000	1.778.000

SWATCH-WATCH - 1983

LN 100 LM 100 LW 100

	DM	SFR	ÖS	US$	GB£	JP¥	LIT
LN 100	1.500	1.250	10.500	870	530	105.000	1.482.000
LM 100	2.300	1.910	16.200	1.330	810	160.000	2.272.000
LW 100 Tennis Grid	550	460	3.900	320	190	38.000	543.000

1984 - SPRING/SUMMER

Skipper

GS 100 LS 100 GS 101 LS 101 GW 103

	DM	SFR	ÖS	US$	GB£	JP¥	LIT
GS 100 4 Flags	3.200	2.660	22.500	1.860	1.130	223.000	3.162.000
LS 100 4 Flags	2.100	1.740	14.800	1.220	740	147.000	2.075.000
GS 101 12 Flags	900	750	6.300	520	320	63.000	889.000
LS 101 12 Flags	250	210	1.800	150	90	17.000	247.000
GW 103 Windrose	1.000	830	7.000	580	350	70.000	988.000

SPRING/SUMMER - 1984

LW 103 GR 400 LR 102 GJ 400 LJ 100

	DM	SFR	ÖS	US$	GB£	JP¥	LIT
LW 103 Windrose	550	460	3.900	320	190	38.000	543.000
GR 400 Compass	1.000	830	7.000	580	350	70.000	988.000
LR 102 Compass	1.750	1.450	12.300	1.020	620	122.000	1.729.000
GJ 400 Yellow Racer	1.000	830	7.000	580	350	70.000	988.000
LJ 100 Yellow Racer	650	540	4.600	380	230	45.000	642.000

1984 - SPRING/SUMMER

GB 704 LR 103 GM 100 LW 102 GA 100

	DM	SFR	ÖS	US$	GB£	JP¥	LIT
GB 704 Black Divers	450	370	3.200	260	160	31.000	445.000
LR 103 Red 12-3-6-9	700	580	4.900	410	250	49.000	692.000
GM 100 Grey Memphis	2.800	2.320	19.700	1.620	990	195.000	2.767.000
LW 102 White Memphis	450	370	3.200	260	160	31.000	445.000
GA 100 Don't be too late	1.200	1.000	8.400	700	420	84.000	1.186.000

SPRING/SUMMER - 1984

LA 100 GB 002 LB 102 GM 101

	DM	SFR	ÖS	US$	GB£	JP¥	LIT
LA 100 Miss Channel / Miss Pinstripe	180	150	1.300	100	60	13.000	178.000
GB 002 High Tech	750	620	5.300	440	270	52.000	741.000
High Tech (blau / blue)	850	710	6.000	490	300	59.000	840.000
LB 102 High Tech	600	500	4.200	350	210	42.000	593.000
GM 101 Pirelli	950	790	6.700	550	340	66.000	939.000

1984 - SPRING/SUMMER

LM 102 LB 103 GM 400 LM 103 GN 702

	DM	SFR	ÖS	US$	GB£	JP¥	LIT
LM 102 Pirelli	550	460	3.900	320	190	38.000	543.000
LB 103 Classique	600	500	4.200	350	210	42.000	593.000
GM 400 Grey Markers	1.100	910	7.700	640	390	77.000	1.087.000
LM 103 Art Deco	550	460	3.900	320	190	38.000	543.000
GN 702 Navy Roman	350	290	2.500	200	120	24.000	346.000

SPRING/SUMMER - 1984

LN 102 | GT 102 | LT 100 | GR 401 | LR 104

	DM	SFR	ÖS	US$	GB£	JP¥	LIT
LN 102 Navy Roman	200	170	1.400	120	70	14.000	198.000
GT 102 Beige Arabic	600	500	4.200	350	210	42.000	593.000
LT 100 Beige Arabic	500	420	3.500	290	180	35.000	494.000
GR 401 Compu-Tech	1.600	1.330	11.200	930	570	112.000	1.581.000
LR 104 Squiggly	750	620	5.300	440	270	52.000	741.000

1984 - FALL/WINTER

LA 101

Aspen

GB 403

LB 104

High Tech

GA 101

Savoy

GB 101 re

	DM	SFR	ÖS	US$	GB£	JP¥	LIT
LA 101 Mah-Jong	850	710	6.000	490	300	59.000	840.000
GB 403 Chrono-Tech	600	500	4.200	350	210	42.000	593.000
LB 104 Chrono-Tech	300	250	2.100	170	110	21.000	296.000
GA 101 High Tech II	1.100	910	7.700	640	390	77.000	1.087.000
GB 101 re Black Magic	1.100	910	7.700	640	390	77.000	1.087.000

GB 703 re

GT 103

	DM	SFR	ÖS	US$	GB£	JP¥	LIT
GB 703 re Classique	300	250	2.100	170	110	21.000	296.000
GT 103 Golden Tan	650	540	4.600	380	230	45.000	642.000

1985 - SPRING/SUMMER

GK 100 LW 107 LW 105 LW 106 GW 104

	DM	SFR	ÖS	US$	GB£	JP¥	LIT
GK 100 Jelly Fish	600	500	4.200	350	210	42.000	593.000
LW 107 Raspberry	80	70	600	50	30	6.000	79.000
LW 105 Ice Mint	90	70	600	50	30	6.000	89.000
LW 106 Banana	80	70	600	50	30	6.000	79.000
GW 104 Dotted Swiss	150	120	1.100	90	50	10.500	148.000

(LW 107, LW 105 und LW 106 in Folie eingeschweißt x 500% / LW 107, LW 105 and LW 106 sealed in plastic x 500%)

SPRING/SUMMER - 1985

LW 104 GJ 700 LS 102 GM 701 GA 102

	DM	SFR	ÖS	US$	GB£	JP¥	LIT
LW 104 Dotted Swiss	150	120	1.100	90	50	10.000	148.000
GJ 700 Yamaha Racer	400	330	2.800	230	140	28.000	395.000
LS 102 Tri Color Racer	250	210	1.800	150	90	17.000	247.000
GM 701 Calypso Diver	350	290	2.500	200	120	24.000	346.000
GA 102 Pinstripe	300	250	2.100	170	110	21.000	296.000

1985 - SPRING/SUMMER

LB 106 GB 706 GB 706 LB 107 GB 705

	DM	SFR	ÖS	US$	GB£	JP¥	LIT
LB 106 Black Magic	200	170	1.400	120	70	14.000	198.000
GB 706 Classic	300	250	2.100	170	110	21.000	296.000
GB 706 Classic (Swatch AG Logo)	600	500	4.200	350	210	42.000	593.000
LB 107 Classic	350	290	2.500	200	120	24.000	346.000
GB 705 Nicholson	450	370	3.200	260	160	31.000	445.000

SPRING/SUMMER - 1985

LB 105 GM 401 LM 104 GN 401 LN 103

	DM	SFR	ÖS	US$	GB£	JP¥	LIT
LB 105 Nicholette	350	290	2.500	200	120	24.000	346.000
GM 401 Grey Flannell	950	790	6.700	550	340	66.000	939.000
LM 104 Grey Flannell	350	290	2.500	200	120	24.000	346.000
GN 401 Oxford Navy	800	660	5.600	460	280	56.000	790.000
LN 103 Oxford Navy	750	620	5.300	440	270	52.000	741.000

1985 - SPRING/SUMMER

LT 101 GJ 100 LR 105 LB 108 LM 105

	DM	SFR	ÖS	US$	GB£	JP¥	LIT
LT 101 Golden Tan	1.800	1.490	12.700	1.040	640	126.000	1.778.000
GJ 100 McGregor	700	580	4.900	410	250	49.000	692.000
LR 105 McSwatch	200	170	1.400	120	70	14.000	198.000
LB 108 Velvet Underground	120	100	800	70	40	8.000	119.000
LM 105 Sheherazade	80	70	600	50	30	6.000	79.000

GA 103 | GB 105 | GB 404 | LT 102 | GK 101

	DM	SFR	ÖS	US$	GB£	JP¥	LIT
GA 103 INC.	350	290	2.500	200	120	24.000	346.000
GB 105 Blackout	450	370	3.200	260	160	31.000	445.000
GB 404	700	580	4.900	410	250	49.000	692.000
LT 102 BC/BG	100	80	700	60	40	7.000	99.000
GK 101 Techno-Sphere	550	460	3.900	320	190	38.000	543.000

1985 - FALL/WINTER

LB 109

	DM	SFR	ÖS	US$	GB£	JP¥	LIT
LB 109 Neo-Quad	400	330	2.800	230	140	28.000	395.000

SPRING/SUMMER - 1986

Aqua Love

GK 102 | GK 1C2 | GK 102 | LK 101 | LK 100

	DM	SFR	ÖS	US$	GB£	JP¥	LIT
GK 102 Nautilus	350	290	2.500	200	120	24.000	346.000
GK 102 Nautilus (Dünne Zeiger / Thin Hands)	850	710	6.000	490	300	59.000	840.000
GK 102 Nautilus (Swatch AG Logo)	350	290	2.500	200	120	24.000	346.000
LK 101 Black Coral	180	150	1.300	100	60	13.000	178.000
LK 100 Aqua Dream	180	150	1.300	100	60	13.000	178.000

1986 - SPRING/SUMMER

GL 100 LG 102 GM 102 LL 101 GS 102

	DM	SFR	ÖS	US$	GB£	JP¥	LIT
GL 100 Tonga	350	290	2.500	200	120	24.000	346.000
LG 102 Gambela	100	80	700	60	40	7.000	99.000
GM 102 Osiris	450	370	3.200	260	160	31.000	445.000
LL 101 Horus	80	70	600	50	30	6.000	79.000
GS 102 Cosmic Encounter	400	330	2.800	230	140	28.000	395.000

SPRING/SUMMER - 1986

GS 102 | LP 100 | GW 105 | LW 111 | GS 400

	DM	SFR	ÖS	US$	GB£	JP¥	LIT
GS 102 Cosmic Encounter (Viele Sterne/Many Stars)	850	710	6.000	490	300	59.000	840.000
LP 100 Pink Flamingo	120	100	800	70	40	8.000	119.000
GW 105 Ping Pong white	120	100	800	70	40	8.000	119.000
LW 111 Vasily	180	150	1.300	100	60	13.000	178.000
GS 400 Rotor	200	170	1.400	120	70	14.000	198.000

1986 - SPRING/SUMMER

Dummy LR 106 GA 400 GA 400 LG 103

	DM	SFR	ÖS	US$	GB£	JP¥	LIT
Dummy Rotor	450	370	3.200	260	160	31.000	445.000
LR 106 Radar	300	250	2.100	170	110	21.000	296.000
GA 400 Ritz	700	580	4.900	410	250	49.000	692.000
GA 400 Ritz (Swatch AG Logo)	400	330	2.800	230	140	28.000	395.000
LG 103 Carlisle	120	100	800	70	40	8.000	119.000

GB 107

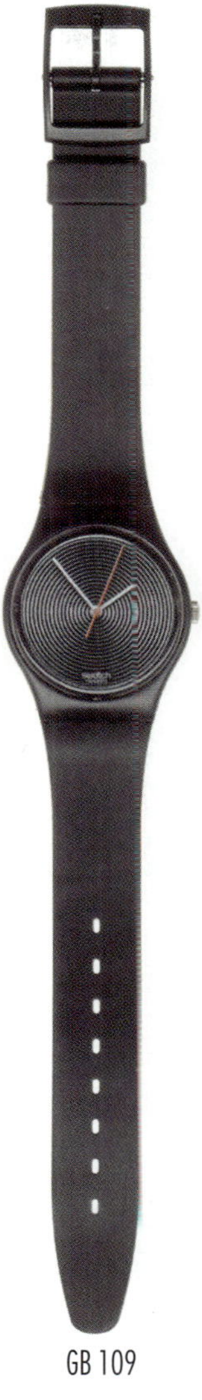

GB 109

GB 109

LB 112

Kiva

GF 100

	DM	SFR	ÖS	US$	GB£	JP¥	LIT
GB 107 Mezza Luna	350	290	2.500	200	120	24.000	346.000
GB 109 Soto	350	290	2.500	200	120	24.000	346.000
GB 109 Soto (Swatch AG Logo)	200	170	1.400	120	70	14.000	198.000
LB 112 Chelsea	120	100	800	70	40	8.000	119.000
GF 100 Ruffeld Feathers	220	180	1.500	130	80	15.000	217.000

1986 - FALL/WINTER

LS 103 GB 111 LK 102 GB 110 LP 101

	DM	SFR	ÖS	US$	GB£	JP¥	LIT
LS 103 Running Water	130	110	900	80	50	9.000	128.000
GB 111 Sir Swatch	350	290	2.500	200	120	24.000	346.000
LK 102 Lionheart	80	70	600	50	30	6.000	79.000
GB 110 Lancelot	250	210	1.800	150	90	17.000	247.000
LP 101 Valkyrie	80	70	600	50	30	6.000	79.000

FALL/WINTER - 1986

LL 100 GG 703 GW 106 GG 401 GG 101

	DM	SFR	ÖS	US$	GB£	JP¥	LIT
LL 100 Pink Dots	900	750	6.300	520	320	63.000	889.000
GG 703 Emerald Diver	300	250	2.100	170	110	21.000	296.000
GW 106 Ping Pong blue	120	100	800	70	40	8.000	119.000
GG 401 Club Stripe	150	120	1.100	90	50	10.000	148.000
GG 101 Club Stripe	850	710	6.000	490	300	59.000	840.000

1986 - FALL/WINTER

Jelly Fish

GK 100 re

GK 100

GK 100

LK 103

	DM	SFR	ÖS	US$	GB£	JP¥	LIT
GK 100 re Jelly Fish	220	180	1.500	130	80	15.000	217.000
GK 100 Jelly Fish (US-Version)	380	320	2.700	220	130	27.000	375.000
GK 100 Jelly Fish (Italy-Version)	500	420	3.500	290	180	35.000	494.000
LK 103 Little Jelly	120	100	800	70	40	8.000	119.000

SPRING/SUMMER - 1987

GB 113 LK 104 GL 400 LF 100

	DM	SFR	ÖS	US$	GB£	JP¥	LIT
GB 113 Waipitu	150	120	1.100	90	50	10.000	148.000
LK 104 Nafea	80	70	600	50	30	6.000	79.000
GL 400 Pago Pago	550	460	3.900	320	190	38.000	543.000
Pago Pago (Ohne Datum / No Date)	3.800	3.150	26.700	2.200	1.350	265.000	3.755.000
LF 100 Blue Horizon	90	70	600	50	30	6.000	89.000

1987 - SPRING/SUMMER

Indigo Blues

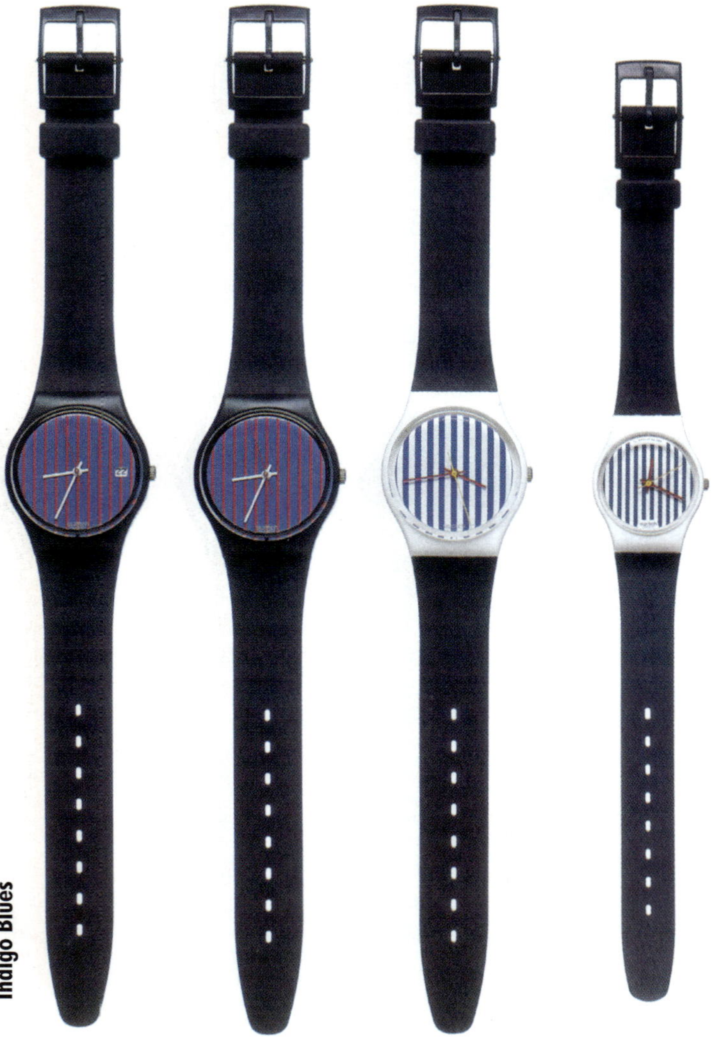

GI 400 GI 100 GW 108 LW 115

Le petit dèjeuner

LP 102

	DM	SFR	ÖS	US$	GB£	JP¥	LIT
GI 400 Blue Note	150	120	1.100	90	50	10.000	148.000
GI 100 Blue Note	700	580	4.900	410	250	49.000	692.000
GW 108 Newport Two	150	120	1.100	90	50	10.000	148.000
LW 115 Newport	160	130	1.100	90	60	11.000	158.000
LP 102 Kir Royale	100	80	700	60	40	7.000	99.000

SPRING/SUMMER - 1987

Malibu Beach

LW 113 | GW 109 | LW 114 | GB 707 | GB 707

	DM	SFR	ÖS	US$	GB£	JP¥	LIT
LW 113 Raspberry Shortcake	100	80	700	60	40	7.000	99.000
GW 109 Tutti Frutti	130	110	900	80	50	9.000	128.000
LW 114 Kasimir	260	220	1.800	150	90	18.000	257.000
GB 707 Navigator	200	170	1.400	120	70	14.000	198.000
GB 707 Navigator	600	500	4.200	350	210	42.000	593.000

1987 - SPRING/SUMMER

Dummy　LR 107　GB 710　GB 114　GA 104

	DM	SFR	ÖS	US$	GB£	JP¥	LIT
Dummy Navigator	500	420	3.500	290	180	35.000	494.000
LR 107 Blue Racer	150	120	1.100	90	50	10.000	148.000
GB 710 Bandos Diver	350	290	2.500	200	120	24.000	346.000
GB 114 Vulcano	550	460	3.900	320	190	38.000	543.000
GA 104 Gray Flannell	200	170	1.400	120	70	14.000	198.000

SPRING/SUMMER - 1987

Equinox

GA 105 | GA 401 | GW 400 | LW 112 | GW 107

	DM	SFR	ÖS	US$	GB£	JP¥	LIT
GA 105 Silver Circle	150	120	1.100	90	50	10.000	148.000
GA 401 Silver Circle	800	660	5.600	460	280	56.000	790.000
GW 400 Big Eclipse	200	170	1.400	120	70	14.000	198.000
LW 112 Little Eclipse	130	110	900	80	50	9.000	128.000
GW 107 White Out	150	120	1.100	90	50	10.000	148.000

1987 - SPRING/SUMMER

LB 114 GB 709 LB 115 GK 103 GB 406

	DM	SFR	ÖS	US$	GB£	JP¥	LIT
LB 114 Black Pearl	170	140	1.200	100	60	12.000	168.000
GB 709 Classic Two	170	140	1.200	100	60	12.000	168.000
LB 115 Classic Two	250	210	1.800	150	90	17.000	247.000
GK 103 Turquoise Bay	230	190	1.600	130	80	16.000	227.000
GB 406 X Rated	550	460	3.900	320	190	38.000	543.000

GB 117 LW 117 GB 116 GK 105 LK 105

	DM	SFR	ÖS	US$	GB£	JP¥	LIT
GB 117 Nine to Six	150	120	1.100	90	50	10.000	148.000
LW 117 Speed Limit	80	70	600	50	30	6.000	79.000
GB 116 Mackintosh	350	290	2.500	200	120	24.000	346.000
GK 105 Calafatti	240	200	1.700	140	80	17.000	237.000
LK 105 Belvedere	80	70	600	50	30	6.000	79.000

7 - FALL/WINTER

GF 102 | Dummy | LF 101 | LL 102 | LP 103

	DM	SFR	ÖS	US$	GB£	JP¥	LIT
GF 102 Borgo Nuovo	350	290	2.500	200	120	24.000	346.000
Dummy Borgo Nuovo (Zifferblatt / Face Transparent)	950	790	6.700	550	340	66.000	939.000
LF 101 Spiga	200	170	1.400	120	70	14.000	198.000
LL 102 Pink Cassata	90	70	600	50	30	6.000	89.000
LP 103 Blue Cassata	70	60	500	40	20	5.000	69.000

FALL/WINTER - 1987

Nakiska Run

LW 116 | GJ 101 | GB 115 | GK 106 | Dummy

	DM	SFR	ÖS	US$	GB£	JP¥	LIT
LW 116 Nikolai	100	80	700	60	40	7.000	99.000
GJ 101 Follow me	200	170	.400	120	70	14.000	198.000
GB 115 Commander	150	120	.100	90	50	10.000	148.000
GK 106 Skyracer	250	210	.800	150	90	17.000	247.000
Dummy Skyracer	600	500	4.200	350	210	42.000	593.000

1987 - FALL/WINTER

GA 107 GK 104 GY 108/9 GF 101 GB 119

	DM	SFR	ÖS	US$	GB£	JP¥	LIT
GA 107 High Moon	250	210	1.800	150	90	17.000	247.000
GK 104 Snowwhite	200	170	1.400	120	70	14.000	198.000
GY 108/9 Snowwhite	1.800	1.490	12.700	1.040	640	126.000	1.778.000
GF 101 Lazuli	450	370	3.200	260	160	31.000	445.000
GB 119 Marmorata	200	170	1.400	120	70	14.000	198.000

FALL/WINTER - 1987

Connaught

Color Tech

LB 116 GA 106 LB 117 LK 106 LK 106

	DM	SFR	ÖS	US$	GB£	JP¥	LIT
LB 116 Classic Two	80	70	600	50	30	6.000	79.000
GA 106 Pulsometer	180	150	1.300	100	60	13.000	178.000
LB 117 Trevi	250	210	1.800	150	90	17.000	247.000
LK 106 Blue Bay	120	100	800	70	40	8.000	119.000
LK 106 Blue Bay	450	370	3.200	260	160	31.000	445.000

1988 - SPRING/SUMMER

GK 108 LK 108 LK 109 GB 408 GB 121

	DM	SFR	ÖS	US$	GB£	JP¥	LIT
GK 108 Tintarella	180	150	1.300	100	60	13.000	178.000
LK 108 O'Sole Mio	90	70	600	50	30	6.000	89.000
LK 109 Luna di Capri	230	190	1.600	130	80	16.000	227.000
GB 408 Needles	150	120	1.100	90	50	10.000	148.000
GB 121 St. Catherine Point	350	290	2.500	200	120	24.000	346.000

SPRING/SUMMER - 1988

Miami Deco

Chic 'n' Marine

LW 118 GB 407 GB 120 LK 107 GW 401

	DM	SFR	ÖS	US$	GB£	JP¥	LIT
LW 118 Nab Light	100	80	700	60	40	7.000	99.000
GB 407 Coral Gables	200	170	1.400	120	70	14.000	198.000
GB 120 Coconut Grove	250	210	1.800	150	90	17.000	247.000
LK 107 Flamingo Deli	90	70	600	50	30	6.000	89.000
GW 401 Deauville	150	120	1.100	90	50	10.000	148.000

1988 - SPRING/SUMMER

GW 111 LW 120 LN 104 GW 110 LW 119

	DM	SFR	ÖS	US$	GB£	JP¥	LIT
GW 111 Deauville	550	460	3.900	320	190	38.000	543.000
LW 120 Antibes	150	120	1.100	90	50	10.000	148.000
LN 104 Biarritz	250	210	1.800	150	90	17.000	247.000
GW 110 White Knight	120	100	800	70	40	8.000	119.000
LW 119 White Lady	90	70	600	50	30	6.000	89.000

SPRING/SUMMER - 1988

GW 402 LW 121 GS 700 GS 103 GK 112

	DM	SFR	ÖS	US$	GB£	JP¥	LIT
GW 402 Green Wave	180	150	1.300	100	60	13.000	178.000
LW 121 Red Wave	200	170	1.400	120	70	14.000	198.000
GS 700 Backslash	130	110	900	80	50	9.000	128.000
GS 103 Backslash	200	170	1.400	120	70	14.000	198.000
GK 112 Speedweek	150	120	1.100	90	50	10.000	148.000

1988 - SPRING/SUMMER

LK 110 GB 711 LB 118 GK 111 GK 110

	DM	SFR	ÖS	US$	GB£	JP¥	LIT
LK 110 Frontloop	250	210	1.800	150	90	17.000	247.000
GB 711 White Window	220	180	1.500	130	80	15.000	217.000
LB 118 Moneypenny	100	80	700	60	40	7.000	99.000
GK 111 Andromeda	150	120	1.100	90	50	10.000	148.000
GK 110 Dark Vader	150	120	1.100	90	50	10.000	148.000

GG 103 GN 102 LK 115 LG 104 GB 122

	DM	SFR	ÖS	US$	GB£	JP¥	LIT
GG 103 Neo Rider	200	170	1.400	120	70	14.000	198.000
GN 102 Flumotions	200	170	1.400	120	70	14.000	198.000
LK 115 Hot Racer	150	120	1.100	90	50	10.000	148.000
LG 104 Liquid Sky	120	100	800	70	40	8.000	119.000
GB 122 Coloured Love	250	210	1.800	150	90	17.000	247.000

1988 - FALL/WINTER

LB 120 GG 102 LL 103 Dummy GX 104

	DM	SFR	ÖS	US$	GB£	JP¥	LIT
LB 120 Frozen Dreams	140	120	1.000	80	50	10.000	138.000
GG 102 Old Bond	200	170	1.400	120	70	14.000	198.000
LL 103 South Moulton	100	80	700	60	40	7.000	99.000
Dummy South Moulton (Zifferblatt / Face)	200	170	1.400	120	70	14.000	198.000
GX 104 Sloan Ranger	170	140	1.200	100	60	12.000	168.000

FALL/WINTER - 1988

Loolypop

Top Flight

LF 102 LL 104 LP 105 GK 114 GB 409

	DM	SFR	ÖS	US$	GB£	JP¥	LIT
LF 102 Beauchamps Place	150	120	1.100	90	50	10.000	148.000
LL 104 Pink Lolly	80	70	600	50	30	6.000	79.000
LP 105 Blue Lolly	90	70	600	50	30	6.000	89.000
GK 114 Take off	200	170	1.400	120	70	14.000	198.000
GB 409 Touch down	250	210	1.800	150	90	17.000	247.000

1988 - FALL/WINTER

Wiakiki Beach

Paris Costes

GB 712 GB 712 LK 117 LK 116 LB 119

	DM	SFR	ÖS	US$	GB£	JP¥	LIT
GB 712 Kailua Diver	550	460	3.900	320	190	38.000	543.000
GB 712 Kailua Diver (Dicke Punkte / Big Dots)	550	460	3.900	320	190	38.000	543.000
LK 117 Frontloop Two	210	170	1.500	120	70	15.000	207.000
LK 116 Little Snowwhite	110	90	800	60	40	8.000	109.000
LB 119 Black Magic	150	120	1.100	90	50	10.000	148.000

FALL/WINTER - 1988

GX 105 | GY 112/3 | LK 112 | GB 713 | Dummy

	DM	SFR	ÖS	US$	GB£	JP¥	LIT
GX 105 Sign of Samas	200	170	1.400	120	70	14.000	198.000
GY 112/3 Sign of Samas	300	250	2.[illegible]00	170	110	21.000	296.000
LK 112 Midas Touch	130	110	900	80	50	9.000	128.000
GB 713 Tickertape	220	180	1.500	130	80	15.000	217.000
Dummy Tickertape II	1.500	1.250	10.500	870	530	105.000	1.482.000

1988 - FALL/WINTER

Love Field

GX 702 GX 700 GX 701 GY 700/1 GX 703

	DM	SFR	ÖS	US$	GB£	JP¥	LIT
GX 702 Black Hawk	200	170	1.400	120	70	14.000	198.000
GX 700 Albatross	210	170	1.500	120	70	15.000	207.000
GX 701 Tiger Moth	220	180	1.500	130	80	15.000	217.000
GY 700/1 Tiger Moth	800	660	5.600	460	280	56.000	790.000
GX 703 Courier	220	180	1.500	130	80	15.000	217.000

FALL/WINTER - 1988

GY 702/3 GK 113 LK 114 GX 101 GX 100

	DM	SFR	ÖS	US$	GB£	JP¥	LIT
GY 702/3 Courier	430	360	3.000	250	150	30.000	425.000
GK 113 Disque Bleu	180	150	1.300	100	60	13.000	178.000
LK 114 Disque Rouge	130	110	900	80	50	9.000	128.000
GX 101 Heartbreak	180	150	1.300	100	60	13.000	178.000
GX 100 Heartstone	200	170	1.400	120	70	14.000	198.000

1988 - FALL/WINTER

GY 106/7

GX 102

Kids Collection

LW 123

LR 108

LP 106

	DM	SFR	ÖS	US$	GB£	JP¥	LIT
GY 106/7 Heartstone	400	330	2.800	230	140	28.000	395.000
GX 102 Golden Sphere	190	160	1.300	110	70	13.000	188.000
LW 123 Seventeen-seven	120	100	800	70	40	8.000	119.000
LR 108 Notebook	120	100	800	70	40	8.000	119.000
LP 106 Camouflage	250	210	1.800	150	90	17.000	247.000

LW 122

	DM	SFR	ÖS	US$	GB£	JP¥	LIT
LW 122 Paint by Numbers	200	170	1.400	120	70	14.000	198.000

1989 - SPRING/SUMMER

Paris - Alger

Street Smart

GB 123 GR 104 GR 104 LN 105 GB 410

	DM	SFR	ÖS	US$	GB£	JP¥	LIT
GB 123 St. Germain	350	290	2.500	200	120	24.000	346.000
GR 104 Bar Oriental	350	290	2.500	200	120	24.000	346.000
GR 104 Bar Oriental (Zifferblatt / Face)	500	420	3.500	290	180	35.000	494.000
LN 105 Casbah Rock	180	150	1.300	100	60	13.000	178.000
GB 410 Taxi Stop	250	210	1.800	150	90	17.000	247.000

SPRING/SUMMER - 1989

LB 123 GG 104 GB 124 GP 100 LP 107

	DM	SFR	ÖS	US$	GB£	JP¥	LIT
LB 123 Lobro	140	120	1.000	80	50	10.000	138.000
GG 104 Shibuya	220	180	1.500	130	80	15.000	217.000
GB 124 Harajuku	370	310	2.600	210	130	26.000	366.000
GP 100 Rosehip	220	180	1.500	130	80	15.000	217.000
LP 107 Pinkdrip	150	120	1.100	90	50	10.000	148.000

1989 - SPRING/SUMMER

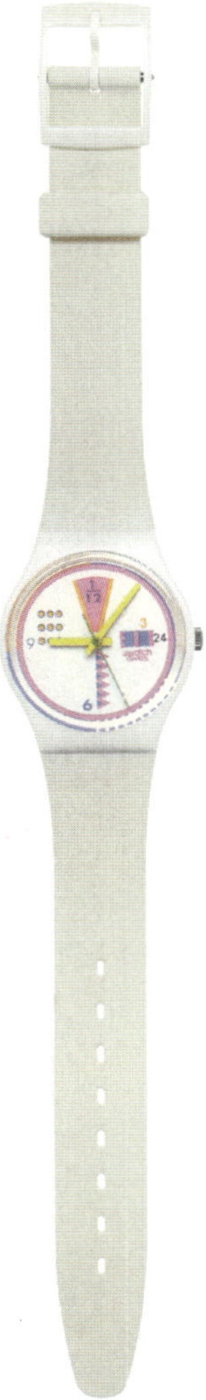

GW 403

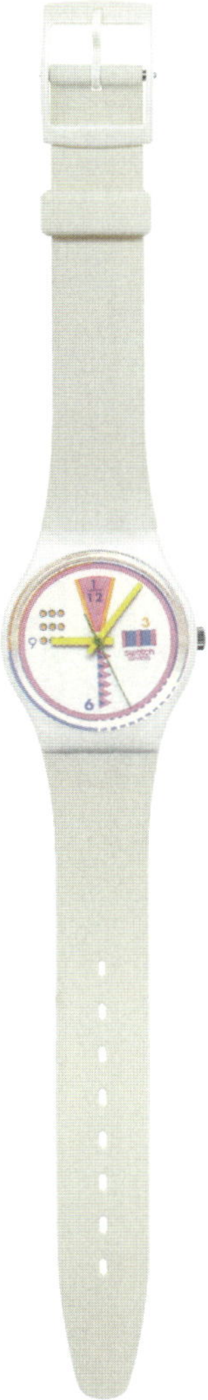

GW 112

LW 124

Wiakiki Beach

GB 712re

GK 115

	DM	SFR	ÖS	US$	GB£	JP¥	LIT
GW 403 Geoglo	130	110	900	80	50	9.000	128.000
GW 112 Geoglo	130	110	900	80	50	9.000	128.000
LW 124 Greengo	120	100	800	70	40	8.000	119.000
GB 712re Kailua Diver	220	180	1.500	130	80	15.000	217.000
GK 115 Bondi Diver	150	120	1.100	90	50	10.000	148.000

SPRING/SUMMER - 1989

Bondi Beach

LP 108 LL 105 GB 714 LK 118 Dummy

	DM	SFR	ÖS	US$	GB£	JP¥	LIT
LP 108 Aqua Club	220	180	1.500	130	80	15.000	217.000
LL 105 Pink Champagne	300	250	2.100	170	110	21.000	296.000
GB 714 Wipeout	400	330	2.800	230	140	28.000	395.000
LK 118 Pink Betty	150	120	1.100	90	50	10.000	148.000
Dummy Pink Betty (Zeiger / Hands)	220	180	1.500	130	80	15.000	217.000

1989 - SPRING/SUMMER

M.O.C.A.

GJ 102 GN 103 GX 109 GY 110/1 GB 715

	DM	SFR	ÖS	US$	GB£	JP¥	LIT
GJ 102 Hang Twelve	130	110	900	80	50	9.000	128.000
GN 103 Greenroom	150	120	1.100	90	50	10.000	148.000
GX 109 Glowing Arrow	250	210	1.800	150	90	17.000	247.000
GY 110/1 Glowing Arrow	1.100	910	7.700	640	390	77.000	1.087.000
GB 715 Color Window	220	180	1.500	130	80	15.000	217.000

SPRING/SUM… 1989

LB 121 | GB 411 | GX 704 | GX 704 | GX 401

	DM	SFR	ÖS	US$	GB£	JP¥	LIT
LB 121 Silver Thread	170	140	1.200	100	60	12.000	168.000
GB 411 Grey Line	180	150	1.300	100	60	13.000	178.000
GX 704 High Flyer (Dünne Zeiger / Thin Hands)	150	120	1.100	90	50	10.000	148.000
GX 704 High Flyer	650	540	4.600	380	230	45.000	642.000
GX 401 Tango Azul	190	160	1.300	110	70	13.000	188.000

SPRING/SUMMER

GX 402

Hardwear

GY 102/3

GY 100/1

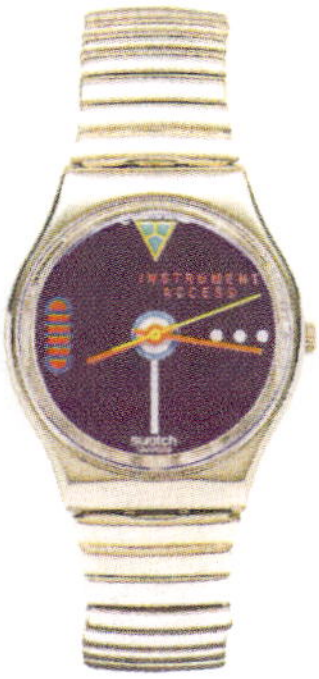

GY 104/5

True Stories

GB 128

	DM	SFR	ÖS	US$	GB£	JP¥	LIT
GX 402 Boca Verde	180	150	1.300	100	60	13.000	178.000
GY 102/3 Metalsphere	240	200	1.700	140	80	17.000	237.000
GY 100/1 Steeltech	210	170	1.500	120	70	15.000	207.000
GY 104/5 Coldsteel	280	230	2.000	160	100	20.000	277.000
GB 128 Eclipses	360	300	2.500	210	130	25.000	356.000

FALL/WINTER - 1989

GN 105

LB 125

Metamorphosys

GN 104

LR 109

Dadali

GX 112

	DM	SFR	ÖS	US$	GB£	JP¥	LIT
GN 105 Rush for Heaven	280	230	2.000	160	100	20.000	277.000
LB 125 Sun Lady	130	110	900	80	50	9.000	128.000
GN 104 Blue Leaves	200	170	1.400	120	70	14.000	198.000
LR 109 Beaujolais	170	140	1.200	100	60	12.000	168.000
GX 112 Croque Monsieur	170	140	1.200	100	60	12.000	168.000

1989 - FALL/WINTER

GB 125

LN 107

Rinascimento

GB 127

GB 126

Dummy

	DM	SFR	ÖS	US$	GB£	JP¥	LIT
GB 125 Figueiras	280	230	2.000	160	100	20.000	277.000
LN 107 Croque Moiselle	180	150	1.300	100	60	13.000	178.000
GB 127 Medici's	450	370	3.200	260	160	31.000	445.000
GB 126 Lucretia	250	210	1.800	150	90	17.000	247.000
Dummy Lucretia	400	330	2.800	230	140	28.000	395.000

Très Chic

Met Night

GX 111 | GX 110 | GX 403 | LX 100 | GX 706

	DM	SFR	ÖS	US$	GB£	JP¥	LIT
GX 111 Chic-on	150	120	1.100	90	50	10.000	148.000
GX 110 Greenie	160	130	1.100	90	60	11.000	158.000
GX 403 MBA	180	150	1.300	100	60	13.000	178.000
LX 100 Noblesse Oblige	150	120	1.100	90	50	10.000	148.000
GX 706 Bright Lights	150	120	1.100	90	50	10.000	148.000

1989 - FALL/WINTER

LB 124

Artica

GK 116

GX 113

LG 105

Geo Whites

GW 113

	DM	SFR	ÖS	US$	GB£	JP¥	LIT
LB 124 Big City	90	70	600	50	30	6.000	89.000
GK 116 Lemon Iceberg	150	120	1.100	90	50	10.000	148.000
GX 113 Icebreaker	130	110	900	80	50	9.000	128.000
LG 105 Mint Icicle	80	70	600	50	30	6.000	79.000
GW 113 Alpine	90	70	600	50	30	6.000	89.000

FALL/WINTER - 1989

Dream Waves

LW 125 GG 105 GV 100 LN 106 LJ 101

	DM	SFR	ÖS	US$	GB£	JP¥	LIT
LW 125 Frost	80	70	600	50	30	6.000	79.000
GG 105 Sandy Mountains	190	160	1.300	110	70	13.000	188.000
GV 100 Stormy Weather	180	150	1.300	100	60	13.000	178.000
LN 106 Pink Hurrycane	140	120	1.000	80	50	10.000	138.000
LJ 101 Peak Season	170	140	1.200	100	60	12.000	168.000

1989 - FALL/WINTER

Downtown Runners

GG 402 GG 106 GS 701 GS 104

Planetarium

GX 404

	DM	SFR	ÖS	US$	GB£	JP¥	LIT
GG 402 Petrodollar	140	120	1.000	80	50	10.000	138.000
GG 106 Petrodollar	200	170	1.400	120	70	14.000	198.000
GS 701 Blue Jet	140	120	1.000	80	50	10.000	138.000
GS 104 Blue Jet	200	170	1.400	120	70	14.000	198.000
GX 404 Moonquake	200	170	1.400	120	70	14.000	198.000

FALL/WINTER - 1989

GX 405 | LX 101 | GP 101/2 | GY 400/1 | GY 116/7

	DM	SFR	ÖS	US$	GB£	JP¥	LIT
GX 405 Metropolis	200	170	1.400	120	70	14.000	198.000
LX 101 Pluto	170	140	1.200	100	60	12.000	168.000
GP 101/2 Golden Bond	360	300	2.500	210	130	25.000	356.000
GY 400/1 Day Off	330	270	2.300	190	120	23.000	326.000
GY 116/7 Iron Man	240	200	1.700	140	80	17.000	237.000

1990 - SPRING/SUMMER

Comic Heroes

GJ 103

LN 111

Lolita

GW 700

LW 126

Picnic in Roma

GV 101

	DM	SFR	ÖS	US$	GB£	JP¥	LIT
GJ 103 Robin	140	120	1.000	80	50	10.000	138.000
LN 111 Betty Lou	110	90	800	60	40	8.000	109.000
GW 700 Tutti	90	70	600	50	30	6.000	89.000
LW 126 Frutti	90	70	600	50	30	6.000	89.000
GV 101 Sogno	120	100	800	70	40	8.000	119.000

SPRING/SUMMER - 1990

Tropical Fiesta

LN 108 LL 106 GN 703 GR 105 LN 113

	DM	SFR	ÖS	US$	GB£	JP¥	LIT
LN 108 Signorina	200	170	1.400	120	70	14.000	198.000
LL 106 Audrey	210	170	1.500	120	70	15.000	207.000
GN 703 Passion Flower	140	120	1.000	80	50	10.000	138.000
GR 105 Mango Dream	120	100	800	70	40	8.000	119.000
LN 113 Papaya Swing	120	100	800	70	40	8.000	119.000

1990 - SPRING/SUMMER

African Graffiti

GK 120

LN 110

Desert Flowers

GB 133

Dummy

GX 116

	DM	SFR	ÖS	US$	GB£	JP¥	LIT
GK 120 African-can	140	120	1.000	80	50	10.000	138.000
LN 110 Bongo	120	100	800	70	40	8.000	119.000
GB 133 Gilda's Love	180	150	1.300	100	60	13.000	178.000
Dummy Gilda's Love (Zifferblatt / Face)	200	170	1.400	120	70	14.000	198.000
GX 116 Johnny Guitar	180	150	1.300	100	60	13.000	178.000

SPRING/SUMMER - 1990

GB 412 GP 103 LJ 102 GB 718 GV 102

	DM	SFR	ÖS	US$	GB£	JP¥	LIT
GB 412 Traffic Jam	120	100	800	70	40	8.000	119.000
GP 103 BMX	120	100	800	70	40	8.000	119.000
LJ 102 Fitless	80	70	600	50	30	6.000	79.000
GB 718 Blue Neptun	120	100	800	70	40	8.000	119.000
GV 102 Scoob-a-doo	130	110	900	80	50	9.000	128.000

1990 - SPRING/SUMMER

LN 109 LN 112 GB 131 GB 132 LI 100

	DM	SFR	ÖS	US$	GB£	JP¥	LIT
LN 109 Pink Mermaid	200	170	1.400	120	70	14.000	198.000
LN 112 Coral Beach	80	70	600	50	30	6.000	79:000
GB 131 Tender too	140	120	1.000	80	50	10.000	138.000
GB 132 Top Sail	140	120	1.000	80	50	10.000	138.000
LI 100 Forsail	110	90	800	60	40	8.000	109.000

Midnight Visit

GB 717 GB 134 GB 134 LB 127 GB 716

Insider Tip

	DM	SFR	ÖS	US$	GB£	JP¥	LIT
GB 717 The Burglar	200	170	1.400	120	70	14.000	198.000
GB 134 The Burglar	270	220	1.900	160	100	19.000	267.000
GB 134 The Burglar (ohne/no THREE)	1.500	1.250	10.500	870	530	105.000	1.482.000
LB 127 Black Night	80	70	600	50	30	6.000	79.000
GB 716 Knight of the Night	130	110	900	80	50	9.000	128.000

1990 - SPRING/SUMMER

GB 140

LB 126

Sky Walker

GX 406

GK 117

Highway Patrol

GY 402/3

	DM	SFR	ÖS	US$	GB£	JP¥	LIT
GB 140 Knight of the Night	160	130	1.100	90	60	11.000	158.000
LB 126 Lady Glance	80	70	600	50	30	6.000	79.000
GX 406 Steel Feathers	180	150	1.300	100	60	13.000	178.000
GK 117 Turbine	120	100	800	70	40	8.000	119.000
GY 402/3 Stoplight	210	170	1.500	120	70	15.000	207.000

Dummy

GK 118/9

LY 100

Mosaiques

GR 107

LG 106

	DM	SFR	ÖS	US$	GB£	JP¥	LIT
Dummy Stoplight (Datum / Date)	380	320	2.700	220	130	27.000	375.000
GK 118/9 Red Line	180	150	1.300	100	60	13.000	178.000
LY 100 Freeway	160	130	1.100	90	60	11.000	158.000
GR 107 Ravenna	150	120	1.100	90	50	10.000	148.000
LG 106 Byzanthium	110	90	800	60	40	8.000	109.000

1990 - FALL/WINTER

Medieval

Versailles

GB 135 LK 120 GN 107 GR 106 LA 102

	DM	SFR	ÖS	US$	GB£	JP¥	LIT
GB 135 Tristan	150	120	1.100	90	50	10.000	148.000
LK 120 Isolde	90	70	600	50	30	6.000	89.000
GN 107 Stucchi	250	210	1.800	150	90	17.000	247.000
GR 106 Louis Louis	160	130	1.100	90	60	11.000	158.000
LA 102 Brode d'Or	80	70	600	50	30	6.000	79.000

Radio Days

GB 720

GX 119

GX 119

LF 105

Home Made

GX 114

	DM	SFR	ÖS	US$	GB£	JP¥	LIT
GB 720 Broadcast	130	110	900	80	50	9.000	128.000
GX 119 Blue Tune	150	120	1.100	90	50	10.000	148.000
GX 119 Blue Tune (Spiegel / Mirror)	650	540	4.600	380	230	45.000	642.000
LF 105 Short Wave	90	70	600	50	30	6.000	89.000
GX 114 Country-Side	190	160	1.300	110	70	13.000	188.000

1990 - FALL/WINTER

Dummy GX 115 LF 104 Dummy GM 103

	DM	SFR	ÖS	US$	GB£	JP¥	LIT
Dummy Country-Side	220	180	1.500	130	80	15.000	217.000
GX 115 Real Stuff	210	170	1.500	120	70	15.000	207.000
LF 104 True West	140	120	1.000	80	50	10.000	138.000
Dummy True West	200	170	1.400	120	70	14.000	198.000
GM 103 Cosmesis	130	110	900	80	50	9.000	128.000

FALL/WINTER - 1990

GN 109

Freeport

GW 701

GW 114

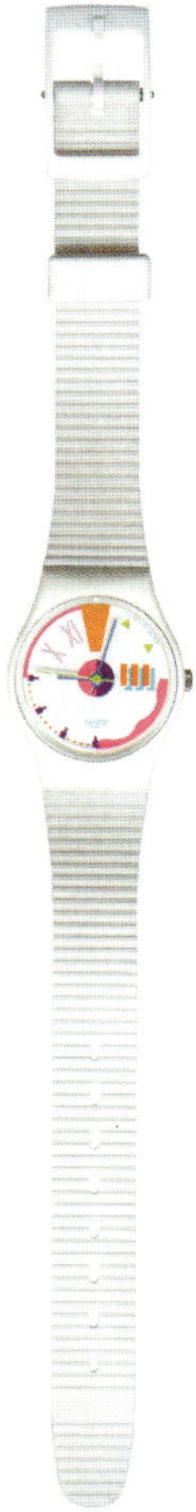

LW 127

Alu Cosmos

GK 122

	DM	SFR	ÖS	US$	GB£	JP¥	LIT
GN 109 Metroscape	130	110	900	80	50	9.000	128.000
GW 701 Short Leave	90	70	600	50	30	6.000	89.000
GW 114 Short Leave	170	140	1.200	100	60	12.000	168.000
LW 127 Port-o-call	80	70	600	50	30	6.000	79.000
GK 122 Hacker's Reward	150	120	1.100	90	50	10.000	148.000

1990 - FALL/WINTER

GN 108

LL 107

LJ 103

Sprint

GB 721

GJ 104

	DM	SFR	ÖS	US$	GB£	JP¥	LIT
GN 108 Computrip	130	110	900	80	50	9.000	128.000
LL 107 Saturniac	180	150	1.300	100	60	13.000	178.000
LJ 103 Neutrino	160	130	1.100	90	60	11.000	158.000
GB 721 World Record	130	110	900	80	50	9.000	128.000
GJ 104 Honor Ride	130	110	900	80	50	9.000	128.000

FALL/WINTER - 1990

LK 119 GN 106 GN 704 GN 113 LI 101

	DM	SFR	ÖS	US$	GB£	JP¥	LIT
LK 119 Pink Podium	90	70	600	50	30	6.000	89.000
GN 106 Hopscotch	120	100	800	70	40	8.000	119.000
GN 704 Good Shape	130	110	900	80	50	9.000	128.000
GN 113 Good Shape	160	130	1.100	90	60	11.000	158.000
LI 101 Gym Session	90	70	600	50	30	6.000	89.000

1990 - FALL/WINTER

Tea for Two

Derby

GX 707 LX 103 GX 117 GX 407 GX 118

	DM	SFR	ÖS	US$	GB£	JP¥	LIT
GX 707 English Breakfast	140	120	1.000	80	50	10.000	138.000
LX 103 Darjelling	90	70	600	50	30	6.000	89.000
GX 117 Ascot	120	100	800	70	40	8.000	119.000
GX 407 Stirling Rush	150	120	1.100	90	50	10.000	148.000
GX 118 Bookey's Bet	140	120	1.000	80	50	10.000	138.000

Dummy

LX 104

Dummy

Fort Knox

GK 127/8

GG 107/8

	DM	SFR	ÖS	US$	GB£	JP¥	LIT
Dummy Bookey's Bet (VI = IV)	600	500	4.200	350	210	42.000	593.000
LX 104 Tough Turf	120	100	800	70	40	8.000	119.000
Dummy Tough Turf (VI = IV)	380	320	2.700	220	130	27.000	375.000
GK 127/8 Copper Dusk	180	150	1.300	100	60	13.000	178.000
GG 107/8 Silver Rivet	360	300	2.500	210	130	25.000	356.000

1990 - FALL/WINTER

Dummy

LK 121

	DM	SFR	ÖS	US$	GB£	JP¥	LIT
Dummy Silver Rivet (Sekundenzeiger / Secondhand)	450	370	3.200	260	160	31.000	445.000
LK 121 Blade Runner	150	120	1.100	90	50	10.000	148.000

SPRING/SUMMER - 1991

Classic Whitw · Appointed by · Architecture

GK 129 · LK 123 · GB 136 · LN 114 · GM 104

	DM	SFR	ÖS	US$	GB£	JP¥	LIT
GK 129 R.S.V.P.	80	70	600	50	30	6.000	79.000
LK 123 Golden Bride	80	70	600	50	30	6.000	79.000
GB 136 Fortnum	90	70	600	50	30	6.000	89.000
LN 114 Mason	90	70	600	50	30	6.000	89.000
GM 104 Obelisque	90	70	600	50	30	6.000	89.000

1991 - SPRING/SUMMER

LX 106 GB 722 LB 128 GB 138 GX 708

	DM	SFR	ÖS	US$	GB£	JP¥	LIT
LX 106 Lutece	100	80	700	60	40	7.000	99.000
GB 722 Nero	90	70	600	50	30	6.000	89.000
LB 128 Julia	120	100	800	70	40	8.000	119.000
GB 138 Tip Tap	130	110	900	80	50	9.000	128.000
GX 708 One Step	110	90	800	60	40	8.000	109.000

SPRING/SUMMER - 1991

GX 120 LP 109 GK 130 GN 705 LK 122

	DM	SFR	ÖS	US$	GB£	JP¥	LIT
GX 120 Be Bop	130	110	900	80	50	9.000	128.000
LP 109 Polka	100	80	700	60	40	7.000	99.000
GK 130 Reflector	90	70	600	50	30	6.000	89.000
GN 705 Skychart	100	80	700	60	40	7.000	99.000
LK 122 Strawberry Fields	80	70	600	50	30	6.000	79.000

1991 - SPRING/SUMMER

GL 101 LR 110 LL 109 GR 109 GK 132

	DM	SFR	ÖS	US$	GB£	JP¥	LIT
GL 101 Ibiskus	120	100	800	70	40	8.000	119.000
LR 110 Exotica	120	100	800	70	40	8.000	119.000
LL 109 Dahlia	120	100	800	70	40	8.000	119.000
GR 109 The Boss	110	90	800	60	40	8.000	109.000
GK 132 Amneris	100	80	700	60	40	7.000	99.000

SPRING/SUMMER - 1991

Color of Money

Leonardos

Fancy Gems

GM 106 GG 110 GB 139 LK 124 GN 110/1

	DM	SFR	ÖS	US$	GB£	JP¥	LIT
GM 106 Mark	180	150	1.300	100	60	13.000	178.000
GG 110 Franco	140	120	1.000	80	50	10.000	138.000
GB 139 Engineer	100	80	700	60	40	7.000	99.000
LK 124 Vincis Twist	90	70	600	50	30	6.000	89.000
GN 110/1 Saphire Shade	200	170	1.400	120	70	14.000	198.000

1991 - SPRING/SUMMER

Dummy

LP 110

World Tour

GB 137

LV 100

Press Release

GN 112

	DM	SFR	ÖS	US$	GB£	JP¥	LIT
Dummy Saphire Shade (Geschlossen / Closed)	340	280	2.400	200	120	24.000	336.000
LP 110 Pink Nugget	170	140	1.200	100	60	12.000	168.000
GB 137 The Globe	140	120	1.000	80	50	10.000	138.000
LV 100 Compass	100	80	700	60	40	7.000	99.000
GN 112 Bold Face	100	80	700	60	40	7.000	99.000

SPRING/SUMMER - 1991

GK 131 GK 133 GJ 105 LL 108 GB 413

	DM	SFR	ÖS	US$	GB£	JP¥	LIT
GK 131 Typesetter	120	100	800	70	40	8.000	119.000
GK 133 Bermudas	130	110	900	80	50	9.000	128.000
GJ 105 Bikini	110	90	800	60	40	8.000	109.000
LL 108 Hula	140	120	1.000	80	50	10.000	138.000
GB 413 Fixing	80	70	600	50	30	6.000	79.000

1991 - FALL/WINTER

LB 129 GB 723 GX 408 LM 106 GM 107

	DM	SFR	ÖS	US$	GB£	JP¥	LIT
LB 129 Investment	80	70	600	50	30	6.000	79.000
GB 723 Genji	140	120	1.000	80	50	10.000	138.000
GX 408 Beau	110	90	800	60	40	8.000	109.000
LM 106 Debutante	80	70	600	50	30	6.000	79.000
GM 107 High Beam	140	120	1.000	80	50	10.000	138.000

FALL/WINTER - 1991

GM 107 GB 414 Dummy GG 114 GX 121

	DM	SFR	ÖS	US$	GB£	JP¥	LIT
GM 107 High Beam (Blaue Zeiger / Blue Hands)	150	120	1.100	90	50	10.000	148.000
GB 414 Spot Flash	160	130	1.100	90	60	11.000	158.000
Dummy Spot Flash (Datum / Date)	600	500	4.200	350	210	42.000	593.000
GG 114 Galleria	130	110	900	80	50	9.000	128.000
GX 121 Plaza	130	110	900	80	50	9.000	128.000

1991 - FALL/WINTER

Caviars

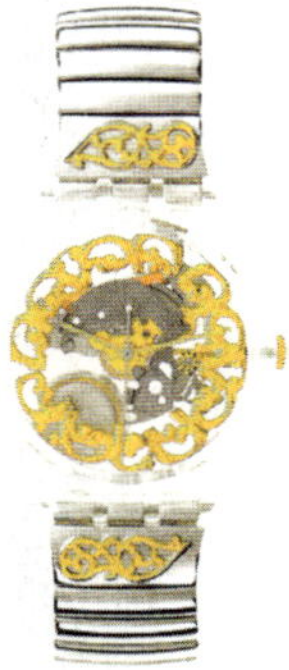

LX 108 GK 137/8 GK 135/6 LL 111 Dummy

	DM	SFR	ÖS	US$	GB£	JP¥	LIT
LX 108 Boutique	140	120	1.000	80	50	10.000	138.000
GK 137/8 Asetra	550	460	3.900	320	190	38.000	543.000
GK 135/6 Karaburun	250	210	1.800	150	90	17.000	247.000
LL 111 Sevruga	170	140	1.200	100	60	12.000	168.000
Dummy Sevruga (Sekundenzeiger / Secondhand)	450	370	3.200	260	160	31.000	445.000

FALL/WINTER - 1991

Raceworld

GK 700

GL 102

GJ 106

Cold Fever

GG 113

GN 115

	DM	SFR	ÖS	US$	GB£	JP¥	LIT
GK 700 Giro	80	70	600	50	30	6.000	79.000
GL 102 Tour	90	70	600	50	30	6.000	89.000
GJ 106 Champ	100	80	700	60	40	7.000	99.000
GG 113 Stalefish	100	80	700	60	40	7.000	99.000
GN 115 Nosewheelie	120	100	800	70	40	8.000	119.000

1991 - FALL/WINTER

LK 127 LL 110 GN 114 GB 141 GB 145

	DM	SFR	ÖS	US$	GB£	JP¥	LIT
LK 127 Stiffy	110	90	800	60	40	8.000	109.000
LL 110 Hice-Speed	90	70	600	50	30	6.000	89.000
GN 114 Blue Flamingo	120	100	800	70	40	8.000	119.000
GB 141 Gold Inlay	150	120	1.100	90	50	10.000	148.000
GB 145 Black Inlay	150	120	1.100	90	50	10.000	148.000

GK 139 GG 111 GV 103 GV 105 LK 126

	DM	SFR	ÖS	US$	GB£	JP¥	LIT
GK 139 Gulp !!!	120	100	800	70	40	8.000	119.000
GG 111 Crash !!!	120	100	800	70	40	8.000	119.000
GV 103 Rara Avis	130	110	900	80	50	9.000	128.000
GV 105 Pink Avis	130	110	900	80	50	9.000	128.000
LK 126 Montebello	90	70	600	50	30	6.000	89.000

1991 - FALL/WINTER

Lovefrieze

D.J. Ten - Strikes

GG 112 LV 101 GK 134 GR 110 GR 113

	DM	SFR	ÖS	US$	GB£	JP¥	LIT
GG 112 Cupydus	150	120	1.100	90	50	10.000	148.000
LV 101 Sappho	120	100	800	70	40	8.000	119.000
GK 134 Rave	90	70	600	50	30	6.000	89.000
GR 110 Cubistic Rap	100	80	700	60	40	7.000	99.000
GR 113 Hot Rap	100	80	700	60	40	7.000	99.000

Hi-Class

GK 400 GK 401 LK 128

Grande Capo

GX 709 GX 122

	DM	SFR	ÖS	US$	GB£	JP¥	LIT
GK 400 Blu-Lui	130	110	900	80	50	9.000	128.000
GK 401 Grüne-Lui	100	80	700	60	40	7.000	99.000
LK 128 Rote-Lei	80	70	600	50	30	6.000	79.000
GX 709 C. E. O.	130	110	900	80	50	9.000	128.000
GX 122 P. D. G.	120	100	800	70	40	8.000	119.000

1992 - SPRING/SUMMER

Classic Three

Mirror City

The Sailor's

GB 725 LB 130 GB 144 GK 702 GK 140

	DM	SFR	ÖS	US$	GB£	JP¥	LIT
GB 725 Classic Three	90	70	600	50	30	6.000	89.000
LB 130 Classic Three	80	70	600	50	30	6.000	79.000
GB 144 After Dark	130	110	900	80	50	9.000	128.000
GK 702 Open Window	120	100	800	70	40	8.000	119.000
GK 140 Blue Anchorage	140	120	1.000	80	50	10.000	138.000

LK 130 GB 724 GN 117 GK 701 GK 141

	DM	SFR	ÖS	US$	GB£	JP¥	LIT
LK 130 Red Knot	110	90	800	60	40	8.000	109.000
GB 724 Batticuore	120	100	800	70	40	8.000	119.000
GN 117 Schnell	90	70	600	50	30	6.000	89.000
GK 701 High Pressure	80	70	600	50	30	6.000	79.000
GK 141 Discobolus	120	100	800	70	40	8.000	119.000

1992 - SPRING/SUMMER

GR 111

Pot Pourri

GG 115

LK 131

Orchestra

GV 104

LK 132

	DM	SFR	ÖS	US$	GB£	JP¥	LIT
GR 111 Tedophorus	130	110	900	80	50	9.000	128.000
GG 115 Mazzolino	140	120	1.000	80	50	10.000	138.000
LK 131 Piastrella	100	80	700	60	40	7.000	99.000
GV 104 Tuba	110	90	800	60	40	8.000	109.000
LK 132 Piccolo	80	70	600	50	30	6.000	79.000

SPRING/SUMMER - 1992

Trash Mania

City Cocktail

GB 143 GB 146 LK 129 LK 136 GX 123

	DM	SFR	ÖS	US$	GB£	JP¥	LIT
GB 143 EAN Code	120	100	800	70	40	8.000	119.000
GB 146 Global Right	130	110	900	80	50	9.000	128.000
LK 129 Coupon	130	110	900	80	50	9.000	128.000
LK 136 World Order	180	150	1.300	100	60	13.000	178.000
GX 123 Alexander	140	120	1.000	80	50	10.000	138.000

1992 - SPRING/SUMMER

GK 144

LN 115

Candelights

GK 142/3

LK 133

Aqua Fun

GG 116

	DM	SFR	ÖS	US$	GB£	JP¥	LIT
GK 144 Daiquiri	120	100	800	70	40	8.000	119.000
LN 115 Gin Rosa	110	90	800	60	40	8.000	109.000
GK 142/3 Golden Waltz	230	190	1.600	130	80	16.000	227.000
LK 133 Perlage	150	120	1.100	90	50	10.000	148.000
GG 116 Frische Fische	130	110	900	80	50	9.000	128.000

SPRING/SUMMER - 1992

LK 135 GJ 107 GN 118 LK 134 GL 103

	DM	SFR	ÖS	US$	GB£	JP¥	LIT
LK 135 Rising Star	90	70	600	50	30	6.000	89.000
GJ 107 Wave Rebel	100	80	700	60	40	7.000	99.000
GN 118 Hookipa	140	120	1.000	80	50	10.000	138.000
LK 134 Red Cloud	80	70	600	50	30	6.000	79.000
GL 103 Mogador	110	90	800	60	40	8.000	109.000

1992 - SPRING/SUMMER

Zoo Loo

Lightshine

GL 104 LP 111 LP 112 GR 112 GK 704

	DM	SFR	ÖS	US$	GB£	JP¥	LIT
GL 104 Casbah	120	100	800	70	40	8.000	119.000
LP 111 Essaouira	110	90	800	60	40	8.000	109.000
LP 112 Minaret	150	120	1.100	90	50	10.000	148.000
GR 112 Chicchirichi	120	100	800	70	40	8.000	119.000
GK 704 Jefferson	120	100	800	70	40	8.000	119.000

LK 137 GX 409 GX 124 LB 131 GK 145

	DM	SFR	ÖS	US$	GB£	JP¥	LIT
LK 137 Barbarella	70	60	500	40	20	5.000	69.000
GX 409 George	100	80	700	60	40	7.000	99.000
GX 124 George	220	180	1.500	130	80	15.000	217.000
LB 131 Raissa	110	90	800	60	40	8.000	109.000
GK 145 Delave	120	100	800	70	40	8.000	119.000

1992 - FALL/WINTER

LK 139 GK 703 GM 108 Dummy Dummy

	DM	SFR	ÖS	US$	GB£	JP¥	LIT
LK 139 Bleached	90	70	600	50	30	6.000	89.000
GK 703 Gutenberg	140	120	1.000	80	50	10.000	138.000
GM 108 Nüni	100	80	700	60	40	7.000	99.000
Dummy Nüni (Fuor)	200	170	1.400	120	70	14.000	198.000
Dummy Nüni (Fuor + grau / grey)	450	370	3.200	260	160	31.000	445.000

FALL/WINTER - 1992

Classic For

GB 726

LB 132

Giro del Mondo

GN 121

GJ 108

LJ 104

	DM	SFR	ÖS	US$	GB£	JP¥	LIT
GB 726 Classic For	100	80	700	60	40	7.000	99.000
LB 132 Classic For	80	70	600	50	30	6.000	79.000
GN 121 North Pole	110	90	800	60	40	8.000	109.000
GJ 108 Artic Star	90	70	600	50	30	6.000	89.000
LJ 104 Polar Ice	90	70	600	50	30	6.000	89.000

1992 - FALL/WINTER

LK 138

Brides de Gala

GN 119

LV 102

Curtain Call

GN 120

GG 119

	DM	SFR	ÖS	US$	GB£	JP¥	LIT
LK 138 Snow Collage	100	80	700	60	40	7.000	99.000
GN 119 Perroquet	140	120	1.000	80	50	10.000	138.000
LV 102 Fleur de Lyss	160	130	1.100	90	60	11.000	158.000
GN 120 Back Stage	120	100	800	70	40	8.000	119.000
GG 119 Palco	100	80	700	60	40	7.000	99.000

FALL/WINTER - 1992

Sport Code

GK 402

GK 146

LN 116

Fashion Square

GB 147

GM 109

	DM	SFR	ÖS	US$	GB£	JP¥	LIT
GK 402 Black Line	110	90	800	60	40	8.000	109.000
GK 146 Stream	80	70	600	50	30	6.000	79.000
LN 116 High Heel	90	70	600	50	30	6.000	89.000
GB 147 Tweed	120	100	800	70	40	8.000	119.000
GM 109 Tailleur	110	90	800	60	40	8.000	109.000

1992 - FALL/WINTER

GB 416 | GM 110 | Dummy | LX 109 | GG 117

	DM	SFR	ÖS	US$	GB£	JP¥	LIT
GB 416 Barajas	100	80	700	60	40	7.000	99.000
GM 110 Orly	110	90	800	60	40	8.000	109.000
Dummy Orly (Kein Hologramm / No Hologram)	440	370	3.100	260	160	31.000	435.000
LX 109 Malpensa	130	110	900	80	50	9.000	128.000
GG 117 Curling	100	80	700	60	40	7.000	99.000

LN 117

Igort's

GG118

Fairy Tales

GB 148

GB 149

Hearts of 70's

GK 147

	DM	SFR	ÖS	US$	GB£	JP¥	LIT
LN 117 Ski Slope	70	60	500	40	20	5.000	69.000
GG118 Yuri	140	120	1.000	80	50	10.000	138.000
GB 148 Baiser d'Antan	110	90	800	60	40	8.000	109.000
GB 149 Glance	140	120	1.000	80	50	10.000	138.000
GK 147 Gruau	90	70	600	50	30	6.000	89.000

1992 - FALL/WINTER

Tooling

GN 122 GN 123/4 GK 148/9 GG 403/4 Dummy

	DM	SFR	ÖS	US$	GB£	JP¥	LIT
GN 122 Photoshooting	170	140	1.200	100	60	12.000	168.000
GN 123/4 Gold Smile	270	220	1.900	160	100	19.000	267.000
GK 148/9 Blue Segment	200	170	1.400	120	70	14.000	198.000
GG 403/4 Steel Lite	250	210	1.800	150	90	17.000	247.000
Dummy Steel Lite (Transparent)	950	790	6.700	550	340	66.000	939.000

Dummy

	DM	SFR	ÖS	US$	GB£	JP¥	LIT
Dummy Steel Lite (Matt)	380	320	2.700	220	130	27.000	375.000

1993 - SPRING/SUMMER

GP 105 GB 727 LB 133 GK 150 LK 140

	DM	SFR	ÖS	US$	GB£	JP¥	LIT
GP 105 Masquerade	90	70	600	50	30	6.000	89.000
GB 727 Classic Cinque	90	70	600	50	30	6.000	89.000
LB 133 Classic Cinque	90	70	600	50	30	6.000	89.000
GK 150 Cool Fred	100	80	700	60	40	7.000	99.000
LK 140 Ginger Elle	90	70	600	50	30	6.000	89.000

Summer Sun

GL 105 GK 151 Dummy LV 103 LK 141

	DM	SFR	ÖS	US$	GB£	JP¥	LIT
GL 105 Soleil	90	70	600	50	30	6.000	89.000
GK 151 Sol	90	70	600	50	30	6.000	89.000
Dummy Sol	360	300	2.500	210	130	25.000	356.000
LV 103 Été	70	60	500	40	20	5.000	69.000
LK 141 Summer	80	70	600	50	30	6.000	79.000

1993 - SPRING/SUMMER

GB 728 | GB 153 | LB 134 | GK 154 | GN 126

	DM	SFR	ÖS	US$	GB£	JP¥	LIT
GB 728 TEE	80	70	600	50	30	6.000	79.000
GB 153 TEE	180	150	1.300	100	60	13.000	178.000
LB 134 TGV	70	60	500	40	20	5.000	69.000
GK 154 Cuzco	110	90	800	60	40	8.000	109.000
GN 126 Cancun	90	70	600	50	30	6.000	89.000

SPRING/SUMMER - 1993

Holiday Games

GK 153 GN 125 LG 107 Dummy

Leather Games

GN 706

	DM	SFR	ÖS	US$	GB£	JP¥	LIT
GK 153 Beach Volley	90	70	600	50	30	6.000	89.000
GN 125 Crazy Eight	100	80	700	60	40	7.000	99.000
LG 107 Pelota	90	70	600	50	30	6.000	89.000
Dummy Pelota (Bandfarbe / Band Color)	400	330	2.800	230	140	28.000	395.000
GN 706 Diamonds	120	100	800	70	40	8.000	119.000

1993 - SPRING/SUMMER

GN 133 GK 152 GM 402 GM 142 LX 110

	DM	SFR	ÖS	US$	GB£	JP¥	LIT
GN 133 Diamonds	400	330	2.800	230	140	28.000	395.000
GK 152 Spades	90	70	600	50	30	6.000	89.000
GM 402 Clubs	140	120	1.000	80	50	10.000	138.000
GM 142 Clubs	400	330	2.800	230	140	28.000	395.000
LX 110 Hearts	130	110	900	80	50	9.000	128.000

Curry Taxi

GX 125

GM 111

Metal Skies

GG 704

GG 124

LP 113

	DM	SFR	ÖS	US$	GB£	JP¥	LIT
GX 125 Dehli	100	80	700	60	40	7.000	99.000
GM 111 Sari	110	90	800	60	40	8.000	109.000
GG 704 Greenset	100	80	700	60	40	7.000	99.000
GG 124 Greenset	250	210	1.800	150	90	17.000	247.000
LP 113 Dawn	80	70	600	50	30	6.000	79.000

1993 - SPRING/SUMMER

Playa

GO 100

GJ 109

Deco Stones

GK 158/9

GK 160/1

LK 142

	DM	SFR	ÖS	US$	GB£	JP¥	LIT
GO 100 Ombrellone	80	70	600	50	30	6.000	79.000
GJ 109 Chaise Longue	80	70	600	50	30	6.000	79.000
GK 158/9 Black Jade	130	110	900	80	50	9.000	128.000
GK 160/1 White Onyx	250	210	1.800	150	90	17.000	247.000
LK 142 Tourmaline	180	150	1.300	100	60	13.000	178.000

SPRING/SUMMER - 1993

Souveniers

Swatch Diner

GV 700 | GV 106 | GN 127 | GK 155 | Dummy

	DM	SFR	ÖS	US$	GB£	JP¥	LIT
GV 700 Fluo Seal	130	110	900	80	50	9.000	128.000
GV 106 Fluo Seal	350	290	2.500	200	120	24.000	346.000
GN 127 Postcard	90	70	600	50	30	6.000	89.000
GK 155 Tin Toy	110	90	800	60	40	8.000	109.000
Dummy Tin Toy (Dicke Punkte / Big Dots)	160	130	1.100	90	60	11.000	158.000

1993 - SPRING/SUMMER

GB 151 GR 114 GN 129 GN 128 LN 118

	DM	SFR	ÖS	US$	GB£	JP¥	LIT
GB 151 Big Enuff	90	70	600	50	30	6.000	89.000
GR 114 Fritto Misto	130	110	900	80	50	9.000	128.000
GN 129 Paella	90	70	600	50	30	6.000	89.000
GN 128 Algarve	120	100	800	70	40	8.000	119.000
LN 118 Mariana	100	80	700	60	40	7.000	99.000

Classic Six

GM 703

GM 120

LM 107

Tranquille

GK 162

LK 143

	DM	SFR	ÖS	US$	GB£	JP¥	LIT
GM 703 Sixy Three Lui	80	70	600	50	30	6.000	79.000
GM 120 Sixy Three Lui	150	120	1.100	90	50	10.000	148.000
LM 107 Sixy Five Lei	70	60	500	40	20	5.000	69.000
GK 162 Tisane	100	80	700	60	40	7.000	99.000
LK 143 Infusion	70	60	500	40	20	5.000	69.000

1993 - FALL/WINTER

Granduation

GK 707 GK 176 GX 410 GX 127 GN 130

	DM	SFR	ÖS	US$	GB£	JP¥	LIT
GK 707 Top Class	110	90	800	60	40	8.000	109.000
GK 176 Top Class	250	210	1.800	150	90	17.000	247.000
GX 410 Bachelor	110	90	800	60	40	8.000	109.000
GX 127 Bachelor	250	210	1.800	150	90	17.000	247.000
GN 130 Master	100	80	700	60	40	7.000	99.000

FALL/WINTER - 1993

LX 111

Clear Tech

GK 708/9

GK 165/6

Dyna-Times

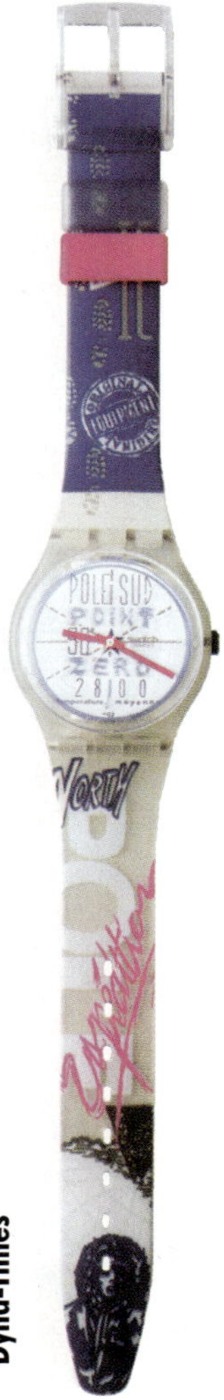

GK 163

GK 164

	DM	SFR	ÖS	US$	GB£	JP¥	LIT
LX 111 Sophomore	120	100	800	70	40	8.000	119.000
GK 708/9 Drop	360	300	2.500	210	130	25.000	356.000
GK 165/6 Flake	160	130	1.100	90	60	11.000	158.000
GK 163 Space Tracing	90	70	600	50	30	6.000	89.000
GK 164 Sport Section	110	90	800	60	40	8.000	109.000

1993 - FALL/WINTER

LL 112 GM 112 LG 108 GG 121 GR 115

	DM	SFR	ÖS	US$	GB£	JP¥	LIT
LL 112 Classified	90	70	600	50	30	6.000	89.000
GM 112 Silver Planet	80	70	600	50	30	6.000	79.000
LG 108 Saturing	90	70	600	50	30	6.000	89.000
GG 121 Cappuccino	90	70	600	50	30	6.000	89.000
GR 115 Dotchair	90	70	600	50	30	6.000	89.000

GF 103 GP 106 GP 107 GX 126 GG 122

	DM	SFR	ÖS	US$	GB£	JP¥	LIT
GF 103 Skin Print	80	70	600	50	30	6.000	79.000
GP 106 Sketch	80	70	600	50	30	6.000	79.000
GP 107 Il Poeta	80	70	600	50	30	6.000	79.000
GX 126 Voie Humaine	120	100	800	70	40	8.000	119.000
GG 122 Voie Lactée	140	120	1.000	80	50	10.000	138.000

1993 - FALL/WINTER

J. C. De Castelbajac's

Tea Break

Round the Clock

GN 134 GM 113 LM 108 GM 117 GB 152

	DM	SFR	ÖS	US$	GB£	JP¥	LIT
GN 134 Space People	140	120	1.000	80	50	10.000	138.000
GM 113 Sugarless	100	80	700	60	40	7.000	99.000
LM 108 Petit Four	90	70	600	50	30	6.000	89.000
GM 117 Rocking	160	130	1.100	90	60	11.000	158.000
GB 152 Ellypting	170	140	1.200	100	60	12.000	168.000

GB 152

Tyroler

GK 167

LK 144

Crazy Tools

GM 114/5

LK 145

	DM	SFR	ÖS	US$	GB£	JP¥	LIT
GB 152 Ellypting (Sekundenzeiger / Secondhand)	450	370	3.200	260	160	31.000	445.000
GK 167 Loden	100	80	700	60	40	7.000	99.000
LK 144 Chesa Veglia	80	70	600	50	30	6.000	79.000
GM 114/5 Screw Driver	160	130	1.100	90	60	11.000	158.000
LK 145 Tournevis	160	130	1.100	90	60	11.000	158.000

1993 - FALL/WINTER

Winterings

Trompe L'Oell

Nespolo

GM 116 LK 146 GK 169 GR 116 GN 132

	DM	SFR	ÖS	US$	GB£	JP¥	LIT
GM 116 Neige	100	80	700	60	40	7.000	99.000
LK 146 Hielo	80	70	600	50	30	6.000	79.000
GK 169 Perspective	130	110	900	80	50	9.000	128.000
GR 116 Collage Doré	90	70	600	50	30	6.000	89.000
GN 132 Silver Patch	90	70	600	50	30	6.000	89.000

FALL/WINTER - 1993

C'era una Volta

GG 123

LP 114

Esotheric

GN 131

	DM	SFR	ÖS	US$	GB£	JP¥	LIT
GG 123 Le Chat Botté	140	120	1.000	80	50	10.000	138.000
LP 114 La Belle Au Bois Dormant	100	80	700	60	40	7.000	99.000
GN 131 Tarot	150	120	1.100	90	50	10.000	148.000

1994 - SPRING/SUMMER

Grand-Heure

Black Heroes

Vierundzwanzig

GK 170 GK 171 GB 729 LB 135 GG 125

	DM	SFR	ÖS	US$	GB£	JP¥	LIT
GK 170 Magnitudo	120	100	800	70	40	8.000	119.000
GK 171 XXL	110	90	800	60	40	8.000	109.000
GB 729 Pair	80	70	600	50	30	6.000	79.000
LB 135 Impair	80	70	600	50	30	6.000	79.000
GG 125 Index	150	120	1.100	90	50	10.000	148.000

GM 119

Domestic Zoo

GN 402

GN 142

LK 147

GK 172

	DM	SFR	ÖS	US$	GB£	JP¥	LIT
GM 119 Campana	140	120	1.000	80	50	10.000	138.000
GN 402 Kangaroo	170	140	1.200	100	60	12.000	168.000
GN 142 Kangaroo	250	210	1.800	150	90	17.000	247.000
LK 147 Anthelope	130	110	900	80	50	9.000	128.000
GK 172 Cougar	130	110	900	80	50	9.000	128.000

1994 - SPRING/SUMMER

On Tops

Ortodoxal

GV 107 LR 111 GO 101 GN 135 GG 126

	DM	SFR	ÖS	US$	GB£	JP¥	LIT
GV 107 Cheerleader	80	70	600	50	30	6.000	79.000
LR 111 Poissoniere	110	90	800	60	40	8.000	109.000
GO 101 Sea Traffic	80	70	600	50	30	6.000	79.000
GN 135 Cathedral	90	70	600	50	30	6.000	89.000
GG 126 Minareth	160	130	1.100	90	60	11.000	158.000

Dummy — GN 138 — Dummy — LG 109 — GN 140

	DM	SFR	ÖS	US$	GB£	JP¥	LIT
Dummy Minareth (Geschlossen / Closed)	300	250	2.100	170	110	21.000	296.000
GN 138 The Lake	120	100	800	70	40	8.000	119.000
Dummy The Lake	300	250	2.100	170	110	21.000	296.000
LG 109 Geisha	110	90	800	60	40	8.000	109.000
GN 140 Agathos	90	70	600	50	30	6.000	89.000

1994 - SPRING/SUMMER

GB 154 LB 136 GR 117 GG 128 GN 136

	DM	SFR	ÖS	US$	GB£	JP¥	LIT
GB 154 Trash	110	90	800	60	40	8.000	109.000
LB 136 Garage	90	70	600	50	30	6.000	89.000
GR 117 Rap	80	70	600	50	30	6.000	79.000
GG 128 Mouse Rap	80	70	600	50	30	6.000	79.000
GN 136 Sex-Teaze	210	170	1.500	120	70	15.000	207.000

SPRING/SUMMER - 1994

Happy Days

GN 139

LP 115

Opera d'arte

GK 174/5

LK 149

Sandy Show

GK 710

	DM	SFR	ÖS	US$	GB£	JP¥	LIT
GN 139 Milk Shake	100	80	700	60	40	7.000	99.000
LP 115 Strawberry	90	70	600	50	30	6.000	89.000
GK 174/5 Godefroi	220	180	1.500	130	80	15.000	217.000
LK 149 Cunegonde	170	140	1.200	100	60	12.000	168.000
GK 710 Gold Breeze	120	100	800	70	40	8.000	119.000

1994 - SPRING/SUMMER

LK 148 GK 403 GJ 110 GK 173 LR 112

	DM	SFR	ÖS	US$	GB£	JP¥	LIT
LK 148 Lady Sky	100	80	700	60	40	7.000	99.000
GK 403 Feathers	160	130	1.100	90	60	11.000	158.000
GJ 110 Fifth Shift	100	80	700	60	40	7.000	99.000
GK 173 Victoire	90	70	600	50	30	6.000	89.000
LR 112 Final Rush	90	70	600	50	30	6.000	89.000

GR 119 LG 110 GN 137 GR 118 GG 129

	DM	SFR	ÖS	US$	GB£	JP¥	LIT
GR 119 Floral Story	120	100	800	70	40	8.000	119.000
LG 110 Seerose	190	160	1.300	110	70	13.000	188.000
GN 137 Cayman	140	120	1.000	80	50	10.000	138.000
GR 118 Bark Bark	120	100	800	70	40	8.000	119.000
GG 129 Girotondo	110	90	800	60	40	8.000	109.000

1994 - SPRING/SUMMER

Margarita

Sir Paint

Blackboards

GR 120 GO 102 GP 108 GB 155 LB 137

	DM	SFR	ÖS	US$	GB£	JP¥	LIT
GR 120 Alphorn	110	90	800	60	40	8.000	109.000
GO 102 Tequila	80	70	600	50	30	6.000	79.000
GP 108 First	170	140	1.200	100	60	12.000	168.000
GB 155 Gessetto	80	70	600	50	30	6.000	79.000
LB 137 Craie	80	70	600	50	30	6.000	79.000

Décalages

White Home

Composition

GN 145 GM 126/7 LM 109 GK 178 GM 705

	DM	SFR	ÖS	US$	GB£	JP¥	LIT
GN 145 Tonite	210	170	1.500	120	70	15.000	207.000
GM 126/7 Big Rock	160	130	1.100	90	60	11.000	158.000
LM 109 Little Rock	160	130	1.100	90	60	11.000	158.000
GK 178 Ciel	130	110	900	80	50	9.000	128.000
GM 705 Snow	120	100	800	70	40	8.000	119.000

1994 - FALL/WINTER

GK 177 GM 704 LN 119 GP 109 GV 108

	DM	SFR	ÖS	US$	GB£	JP¥	LIT
GK 177 Feuer	130	110	900	80	50	9.000	128.000
GM 704 Sky Heroes	90	70	600	50	30	6.000	89.000
LN 119 Fancy Glances	110	90	800	60	40	8.000	109.000
GP 109 Decoscraper	180	150	1.300	100	60	13.000	178.000
GV 108 Quasimodo	110	90	800	60	40	8.000	109.000

FALL/WINTER - 1994

Fifty Home

GN 141

Ora Divina

GK 179

Tipi

GM 122

Yallo

GJ 112

Kenny Scharf

GR 121

	DM	SFR	ÖS	US$	GB£	JP¥	LIT
GN 141 Sitzung	100	80	700	60	40	7.000	99.000
GK 179 Azimut	190	160	1.300	110	70	13.000	188.000
GM 122 Poncho	170	140	1.200	100	60	12.000	168.000
GJ 112 Bestione	120	100	800	70	40	8.000	119.000
GR 121 Monster Time	120	100	800	70	40	8.000	119.000

1994 - FALL/WINTER

Kostabi's

GB 156

Spakles

GG 131/2

LG 111

Round Couture

GK 711

GK 180

	DM	SFR	ÖS	US$	GB£	JP¥	LIT
GB 156 Twelve Apostles	130	110	900	80	50	9.000	128.000
GG 131/2 Green Shine	140	120	1.000	80	50	10.000	138.000
LG 111 Starlink	120	100	800	70	40	8.000	119.000
GK 711 Tutto Tondo	110	90	800	60	40	8.000	109.000
GK 180 Tutto Tondo	450	370	3.200	260	160	31.000	445.000

FALL/WINTER - 1994

LK 150 GM 403 GM 125 GM 123 GM 124

	DM	SFR	ÖS	US$	GB£	JP¥	LIT
LK 150 Spherica	90	70	600	50	30	6.000	89.000
GM 403 Tobacco	100	80	700	60	40	7.000	99.000
GM 125 City Run	90	70	600	50	30	6.000	89.000
GM 123 Le Poème	100	80	700	60	40	7.000	99.000
GM 124 Sole Mio	160	130	1.100	90	60	11.000	158.000

1994 - FALL/WINTER

Going West

GB 157

GW 115

Autumn Leaves

GR 122

Meditations

GJ 113

Famous Couple By Ravage

GB 158

	DM	SFR	ÖS	US$	GB£	JP¥	LIT
GB 157 Knox	110	90	800	60	40	8.000	109.000
GW 115 Mariachi	90	70	600	50	30	6.000	89.000
GR 122 La Vie En Rose	100	80	700	60	40	7.000	99.000
GJ 113 Lama	80	70	600	50	30	6.000	79.000
GB 158 Aiglon	70	60	500	40	20	5.000	69.000

GB 159

	DM	SFR	ÖS	US$	GB£	JP¥	LIT
GB 159 Aiglette	70	60	500	40	20	5.000	69.000

1995 - SPRING/SUMMER

GK 182 GB 417 GK 183/4 LK 151 GN 707

	DM	SFR	ÖS	US$	GB£	JP¥	LIT
GK 182 Upside Down	140	120	1.000	80	50	10.000	138.000
GB 417 Turnover	120	100	800	70	40	8.000	119.000
GK 183/4 Mannequin	190	160	1.300	110	70	13.000	188.000
LK 151 Première	200	170	1.400	120	70	14.000	198.000
GN 707 Blauer	120	100	800	70	40	8.000	119.000

SPRING/SUMMER - 1995

Dummy GN 146 GG 134 LN 121 GN 150

	DM	SFR	ÖS	US$	GB£	JP¥	LIT
Dummy Blauer	400	330	2.800	230	140	28.000	395.000
GN 146 Grauer	120	100	800	70	40	8.000	119.000
GG 134 Rapp-er	110	90	800	60	40	8.000	109.000
LN 121 Sprayer	120	100	800	70	40	8.000	119.000
GN 150 Black Sheep	550	460	3.900	320	190	38.000	543.000

1995 - SPRING/SUMMER

Fairy-Tales

GG 135

Optiques

GK 191

GK 192

Metal Techno

GK 186/7

GM 129/30

	DM	SFR	ÖS	US$	GB£	JP¥	LIT
GG 135 Green Dragon	80	70	600	50	30	6.000	79.000
GK 191 Skizzo	140	120	1.000	80	50	10.000	138.000
GK 192 Brouillon	100	80	700	60	40	7.000	99.000
GK 186/7 Silver Net	130	110	900	80	50	9.000	128.000
GM 129/30 Silver Plate	140	120	1.000	80	50	10.000	138.000

SPRING/SUMMER - 1995

Herbs — GK 712

One-Day-Round — GK 188

Floral Bath — GJ 114

Jungle Mythos — GP 110

GK 193

	DM	SFR	ÖS	US$	GB£	JP¥	LIT
GK 712 Schnittlauch	170	140	1.200	100	60	12.000	168.000
GK 188 Monterosso	180	150	1.300	100	60	13.000	178.000
GJ 114 Lylium	90	70	600	50	30	6.000	89.000
GP 110 Rosathea	90	70	600	50	30	6.000	89.000
GK 193 Oongawah!	90	70	600	50	30	6.000	89.000

1995 - SPRING/SUMMER

Dummy

Showbiz

GM 128

Indian Market

GR 125/6

Asian Friends

GG 133

Dummy

	DM	SFR	ÖS	US$	GB£	JP¥	LIT
Dummy Oongawah! (Plastic Band)	300	250	2.100	170	110	21.000	296.000
GM 128 Lolita	160	130	1.100	90	60	11.000	158.000
GR 125/6 Curry Powder	230	190	1.600	130	80	16.000	227.000
GG 133 Tai Sun	110	90	800	60	40	8.000	109.000
Dummy Tai Sun (Zifferblatt / Face Transparent)	350	290	2.500	200	120	24.000	346.000

SPRING/SUMMER - 1995

GR 123 GR 127 Dummy GJ 115 GB 418

	DM	SFR	ÖS	US$	GB£	JP¥	LIT
GR 123 Kimiko	120	100	800	70	40	8.000	119.000
GR 127 For your Heart only	190	160	1.300	110	70	13.000	188.000
Dummy For your Heart only	300	250	2.100	170	110	21.000	296.000
GJ 115 To Che	230	190	1.600	130	80	16.000	227.000
GB 418 Red Flame	110	90	800	60	40	8.000	109.000

1995 - SPRING/SUMMER

GB 160 | Dummy | GK 190 | GM 131 | GK 189

	DM	SFR	ÖS	US$	GB£	JP¥	LIT
GB 160 Hipster	120	100	800	70	40	8.000	119.000
Dummy Hipster	300	250	2.100	170	110	21.000	296.000
GK 190 Red Tag	150	120	1.100	90	50	10.000	148.000
GM 131 Athletics	90	70	600	50	30	6.000	89.000
GK 189 Paggetto	110	90	800	60	40	8.000	109.000

SPRING/SUMMER - 1995

GR 124 | GK 185 | GN 147 | GB 419 | LB 138

	DM	SFR	ÖS	US$	GB£	JP¥	LIT
GR 124 Damigella	110	90	800	60	40	8.000	109.000
GK 185 Vendredi	110	90	800	60	40	8.000	109.000
GN 147 Thursday	80	70	600	50	30	6.000	79.000
GB 419 Mezzoforte	70	60	500	40	20	5.000	69.000
LB 138 Andante	70	60	500	40	20	5.000	69.000

1995 - SPRING/SUMMER

Sternbilder — Travel Fever — Classic Seven

GR 701 | LR 114 | GM 706/7 | LM 111 | GB 730

	DM	SFR	ÖS	US$	GB£	JP¥	LIT
GR 701 Grosser Bär	80	70	600	50	30	6.000	79.000
LR 114 Kleiner Bär	80	70	600	50	30	6.000	79.000
GM 706/7 Highway	140	120	1.000	80	50	10.000	138.000
LM 111 Off Road	130	110	900	80	50	9.000	128.000
GB 730 Big Seven	70	60	500	40	20	5.000	69.000

SPRING/SUMMER - 1995

LB 139 GB 162 GW 116 GB 164 GB 163

	DM	SFR	ÖS	US$	GB£	JP¥	LIT
LB 139 Little Seven	70	60	500	40	20	5.000	69.000
GB 162 White Hours	70	60	500	40	20	5.000	69.000
GW 116 Black Minutes	70	60	500	40	20	5.000	69.000
GB 164 Black Globe	70	60	500	40	20	5.000	69.000
GB 163 Black Letter	80	70	600	50	30	6.000	79.000

1995 - FALL/WINTER

GB 165

Russian Inspirations

GK 200

GK 204/5

Velvet Sensations

GG 136

GK 203

	DM	SFR	ÖS	US$	GB£	JP¥	LIT
GB 165 White Writing	100	80	700	60	40	7.000	99.000
GK 200 Space Dog	70	60	500	40	20	5.000	69.000
GK 204/5 Matrioska	80	70	600	50	30	6.000	79.000
GG 136 Samtgeist	90	70	600	50	30	6.000	89.000
GK 203 Saint Velours	110	90	800	60	40	8.000	109.000

FALL/WINTER - 1995

LG 114

Bijoux Box

GK 194/5

LG 112

The Big Cold

GK 201

GN 152

	DM	SFR	ÖS	US$	GB£	JP¥	LIT
LG 114 Cord on Bleu	80	70	600	50	30	6.000	79.000
GK 194/5 Prinz Eisenherz	150	120	1.100	90	50	10.000	148.000
LG 112 Madame	120	100	800	70	40	8.000	119.000
GK 201 Ice Dance	90	70	600	50	30	6.000	89.000
GN 152 Barry	80	70	600	50	30	6.000	79.000

1995 - FALL/WINTER

Varnish Fair

GK 202 GK 197 GB 161 GM 709 GM 137

	DM	SFR	ÖS	US$	GB£	JP¥	LIT
GK 202 Frozen Tears	130	110	900	80	50	9.000	128.000
GK 197 Spinning Balls	80	70	600	50	30	6.000	79.000
GB 161 Blackliner	90	70	600	50	30	6.000	89.000
GM 709 Green Laquer	80	70	600	50	30	6.000	79.000
GM 137 Green Laquer	600	500	4.200	350	210	42.000	593.000

FALL/WINTER - 1995

GK 713

GF 400

GK 714

Highland Stories

GG 137

GR 128

	DM	SFR	ÖS	US$	GB£	JP¥	LIT
GK 713 Blue Laquer	80	70	600	50	30	6.000	79.000
GF 400 Coffee Mill	90	70	600	50	30	6.000	89.000
GK 714 Canard Laqué	180	150	1.300	100	60	13.000	178.000
GG 137 Mc Square	140	120	1.000	80	50	10.000	138.000
GR 128 Mr Watson	130	110	900	80	50	9.000	128.000

1995 - FALL/WINTER

Short Stories

GK 715

LG 113

The Artists

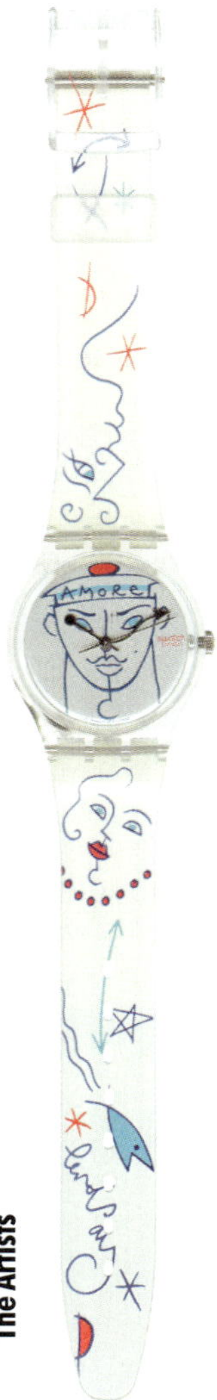

GK 207

GL 106

GB 166

	DM	SFR	ÖS	US$	GB£	JP¥	LIT
GK 715 Moos	110	90	800	60	40	8.000	109.000
LG 113 Madeleine	100	80	700	60	40	7.000	99.000
GK 207 Flowers	100	80	700	60	40	7.000	99.000
GL 106 Enchanting Forest	100	80	700	60	40	7.000	99.000
GB 166 Temps Zero	120	100	800	70	40	8.000	119.000

FALL/WINTER - 1995

GK 206

GK 208

GG 138

	DM	SFR	ÖS	US$	GB£	JP¥	LIT
GK 206 Vive la Paix	160	130	1.100	90	60	11.000	158.000
GK 208 Graphickers	160	130	1.100	90	60	11.000	158.000
GG 138 Blue Pasta	120	100	800	70	40	8.000	119.000
Artist Set	750	620	5.300	440	270	52.000	741.000

SPRING/SUMMER - 1996

The Originals

GB 169 GK 209 GN 155 GM 132 GN 154

	DM	SFR	ÖS	US$	GB£	JP¥	LIT
GB 169 Black	70	55	500	40	20	5.000	69.000
GK 209 Transparent	80	60	600	50	30	6.000	79.000
GN 155 Dark Blue	70	55	500	40	20	5.000	69.000
GM 132 Grey	80	60	600	50	30	6.000	79.000
GN 154 Medium Blue	80	60	600	50	30	6.000	79.000

1996 - SPRING/SUMMER

GG 139

GR 130

LR 115

LN 122

Ethnosense

GK 213 A/B

	DM	SFR	ÖS	US$	GB£	JP¥	LIT
GG 139 Green	70	55	500	40	20	5.000	69.000
GR 130 Pink	70	55	500	40	20	5.000	69.000
LR 115 Pink	70	55	500	40	20	5.000	69.000
LN 122 Medium Blue	70	55	500	40	20	5.000	69.000
GK 213 A/B Wise Hand	130	100	900	80	50	9.000	128.000

SPRING/SUMMER - 1996

GN 160

GG 170

Breakfast

GM 135

GN 156

The Invisibles

GN 708

	DM	SFR	ÖS	US$	GB£	JP¥	LIT
GN 160 Golestan	110	80	800	60	40	8.000	109.000
GG 170 Sina Nafasi	90	70	600	50	30	6.000	89.000
GM 135 Sunny Side Up	90	70	600	50	30	6.000	89.000
GN 156 Good Morning	90	70	600	50	30	6.000	89.000
GN 708 Frozen Yogurt	90	70	600	50	30	6.000	89.000

1996 - SPRING/SUMMER

LG 116 GM 134 GK 900 GM 136 LG 115

	DM	SFR	ÖS	US$	GB£	JP¥	LIT
LG 116 Cool Mint	90	70	600	50	30	6.000	89.000
GM 134 Urgent	80	60	600	50	30	6.000	79.000
GK 900 Heart on Earth	100	80	700	60	40	7.000	99.000
GM 136 Upper East	90	70	600	50	30	6.000	89.000
LG 115 Pictos	90	70	600	50	30	6.000	89.000

SPRING/SUMMER - 1996

Short Stories

GK 406 GK 901 GG 705 GK 210 GM 133 A/B

	DM	SFR	ÖS	US$	GB£	JP¥	LIT
GK 406 Black Jet	70	55	500	40	20	5.000	69.000
GK 901 Tierra	90	70	600	50	30	6.000	89.000
GG 705 Boschetto	120	90	800	70	40	8.000	119.000
GK 210 Aire	100	80	700	60	40	7.000	99.000
GM 133 A/B Lampadario	100	80	700	60	40	7.000	99.000

LP 116 GL 107 GN 162 GS 105 GK 196

	DM	SFR	ÖS	US$	GB£	JP¥	LIT
LP 116 Lady Rose	100	80	700	60	40	7.000	99.000
GL 107 Sweet Baby	120	90	800	70	40	8.000	119.000
GN 162 Romeo & Juliet	120	90	800	70	40	8.000	119.000
GS 105 Lucky Shadow	80	60	600	50	30	6.000	79.000
GK 196 Haselnuss	80	60	600	50	30	6.000	79.000

SPRING/SUMMER - 1996

LK 152 GB 900 GM 710/1 LM 112 GB 731

	DM	SFR	ÖS	US$	GB£	JP¥	LIT
LK 152 Cookie	80	60	600	50	30	6.000	79.000
GB 900 Mezzoforte	90	70	600	50	30	6.000	89.000
GM 710/1 Grosser Nougat	90	70	600	50	30	6.000	89.000
LM 112 Kleiner Nougat	90	70	600	50	30	6.000	89.000
GB 731 Cabaret	80	60	600	50	30	6.000	79.000

GB 732

LB 140

GB 733

GN 161

GN 161

	DM	SFR	ÖS	US$	GB£	JP¥	LIT
GB 732 Krimi	80	60	600	50	30	6.000	79.000
LB 140 Thriller	80	60	600	50	30	6.000	79.000
GB 733 My Way	80	60	600	50	30	6.000	79.000
GN 161 Lausanne Special	700	580	4.900	410	250	49.000	692.000
GN 161 Lausanne Olympic Museum	150	120	1.100	90	50	10.000	148.000

1996 - SPRING/SUMMER

The Artists

GK 214

GN 163

GN 164

GG 140

GJ 116

	DM	SFR	ÖS	US$	GB£	JP¥	LIT
GK 214 Lens Heaven	160	130	1.100	90	60	11.000	158.000
GN 163 Boxing	100	80	700	60	40	7.000	99.000
GN 164 Fiz N' Zip	120	100	800	70	40	8.000	119.000
GG 140 Cheik Nadro	120	100	800	70	40	8.000	119.000
GJ 116 Wanayarra Tjukurrpa	140	120	1.000	80	50	10.000	138.000

GJ 117

Signs

GB 173

GB 174

GB 176

Messages

GK 226

	DM	SFR	ÖS	US$	GB£	JP¥	LIT
GJ 117 Wild Laugh	100	80	700	60	40	7.000	99.000
Artist Set	790	660	5 600	460	280	55.000	781.000
GB 173 Net	70	55	500	40	20	5.000	69.000
GB 174 Straight Up	70	55	500	40	20	5.000	69.000
GB 176 Don't	70	55	500	40	20	5.000	69.000
GK 226 Protect	70	55	500	40	20	5.000	69.000

1996 - FALL/WINTER

GK 227

GK 228

Information Landscape

GB 172

GC 102

GK 221

	DM	SFR	ÖS	US$	GB£	JP¥	LIT
GK 227 Define	70	55	500	40	20	5.000	69.000
GK 228 Consider	80	60	600	50	30	6.000	79.000
GB 172 Coding	80	60	600	50	30	6.000	79.000
GC 102 Interface	70	55	500	40	20	5.000	69.000
GK 221 Phonescan	80	60	600	50	30	6.000	79.000

FALL/WINTER - 1996

GK 222 GK 223 GM 138 GN 900 GB 175

	DM	SFR	ÖS	US$	GB£	JP¥	LIT
GK 222 Con-Fusion	70	55	500	40	20	5.000	69.000
GK 223 Bitstream	80	60	600	50	30	6.000	79.000
GM 138 Web Site	70	55	500	40	20	5.000	69.000
GN 900 Devotion	90	70	600	50	30	6.000	89.000
GB 175 Way Out	70	55	500	40	20	5.000	69.000

1996 - FALL/WINTER

Rising Sun

GG 141 GK 224 GM 139 GN 165 GK 217

	DM	SFR	ÖS	US$	GB£	JP¥	LIT
GG 141 Patina	70	55	500	40	20	5.000	69.000
GK 224 Caution	70	55	500	40	20	5.000	69.000
GM 139 Conform	70	55	500	40	20	5.000	69.000
GN 165 Net Works	80	60	600	50	30	6.000	79.000
GK 217 Ricecake	70	55	500	40	20	5.000	69.000

GK 219 A/B

Utopia

GK 215 A/B

GR 131 A/B

Sparkles

GK 216

LN 123

	DM	SFR	ÖS	US$	GB£	JP¥	LIT
GK 219 A/B Movie News	80	60	600	50	30	6.000	79.000
GK 215 A/B Color Fish	140	110	1.000	80	50	10.000	138.000
GR 131 A/B Starry Sky	110	80	800	60	40	8.000	109.000
GK 216 Glitter	80	60	600	50	30	6.000	79.000
LN 123 Cristalle	70	55	500	40	20	5.000	69.000

1996 - FALL/WINTER

Primaries

GB 170

GB 171

GK 229

GL 108

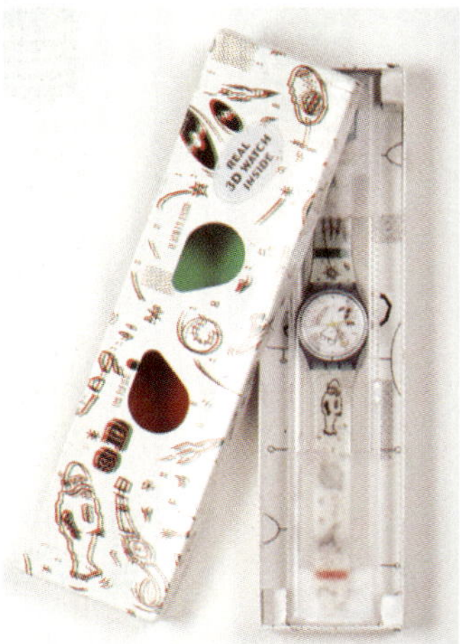

	DM	SFR	ÖS	US$	GB£	JP¥	LIT
GB 170 Reposition	70	55	500	40	20	5.000	69.000
GB 171 Reproject	70	55	500	40	20	5.000	69.000
GK 229 Weightless	110	80	800	60	40	8.000	109.000
GL 108 3D Experience	90	70	600	50	30	6.000	89.000

FALL/WINTER - 1996

LK 153 | LK 156 | LK 155 | GB 901 | GB 421

	DM	SFR	ÖS	US$	GB£	JP¥	LIT
LK 153 XYZ	70	55	500	40	20	5.000	69.000
LK 156 Alphabet	70	55	500	40	20	5.000	69.000
LK 155 Gloss	80	60	600	50	30	6.000	79.000
GB 901 Acid Lite	90	70	600	50	30	6.000	89.000
GB 421 Blacklit	70	55	500	40	20	5.000	69.000

1996 - FALL/WINTER

LB 141

GB 422

LB 142

The Artists

GB 168

GJ 118

	DM	SFR	ÖS	US$	GB£	JP¥	LIT
LB 141 Milady	70	55	500	40	20	5.000	69.000
GB 422 Whitelit	70	55	500	40	20	5.000	69.000
LB 142 Miss	70	55	500	40	20	5.000	69.000
GB 168 Film No. 4	90	70	600	50	30	6.000	89.000
GJ 118 Love, Piece & Happiness	110	90	800	60	40	8.000	109.000

FALL/WINTER - 1996

GK 230 GK 231 GK 232 GN 166

	DM	SFR	ÖS	US$	GB£	JP¥	LIT
GK 230 Pop Bones	100	80	700	60	40	7.000	99.000
GK 231 Keret	90	70	600	50	30	6.000	89.000
GK 232 Tempo Naturale	140	120	1.000	80	50	10.000	138.000
GN 166 Hands	90	70	600	50	30	6.000	89.000
Artist Set	710	590	5.000	410	250	50.000	702.000

1997 - SPRING/SUMMER

Movimento

Comic Hour

GB 179 LB 143 GN 168 GK 235 GG 143

	DM	SFR	ÖS	US$	GB£	JP¥	LIT
GB 179 Mustard	80	60	600	50	30	6.000	79.000
LB 143 Bluette	70	55	500	40	20	5.000	69.000
GN 168 Twitch Twins	80	60	600	50	30	6.000	79.000
GK 235 Jungle Tangle	80	60	600	50	30	6.000	79.000
GG 143 Centipede	90	70	600	50	30	6.000	89.000

SPRING/SUMMER - 1997

Promises

GN 167 GR 132 GK 236 GJ 900 GW 900

	DM	SFR	ÖS	US$	GB£	JP¥	LIT
GN 167 Fat Free	90	70	600	50	30	6.000	89.000
GR 132 Sweetened	80	60	600	50	30	6.000	79.000
GK 236 100% Plastic	80	60	600	50	30	6.000	79.000
GJ 900 Promo	80	60	600	50	30	6.000	79.000
GW 900 Lamp	80	60	600	50	30	6.000	79.000

1997 - SPRING/SUMMER

Elements

Time Jockeys

GK 240 GK 241 GK 242 GK 243 LK 158

	DM	SFR	ÖS	US$	GB£	JP¥	LIT
GK 240 Zerkon	90	70	600	50	30	6.000	89.000
GK 241 Oxygen	80	60	600	50	30	6.000	79.000
GK 242 Chlorine	100	80	700	60	40	7.000	99.000
GK 243 Always Early	100	80	700	60	40	7.000	99.000
LK 158 Always Late	80	60	600	50	30	6.000	79.000

GK 244 A/B GX 128 A/B GK 238 A/B GK 239 A/B LK 157

	DM	SFR	ÖS	US$	GB£	JP¥	LIT
GK 244 A/B Time To Dance	100	80	700	60	40	7.000	99.000
GX 128 A/B As Time goes by	80	60	600	50	30	6.000	79.000
GK 238 A/B Virtual Purple	120	100	800	70	40	8.000	119.000
GK 239 A/B Virtual Orange	100	80	700	60	40	7.000	99.000
LK 157 Virtual Yellow	70	55	500	40	20	5.000	69.000

1997 - SPRING/SUMMER

GJ 119 GN 169 GG 142 GK 245 GK 902

	DM	SFR	ÖS	US$	GB£	JP¥	LIT
GJ 119 Spyral	70	55	500	40	20	5.000	69.000
GN 169 Points	80	60	600	50	30	6.000	79.000
GG 142 Balloons	70	55	500	40	20	5.000	69.000
GK 245 Cactus	80	60	600	50	30	6.000	79.000
GK 902 Anemone	80	60	600	50	30	6.000	79.000

GK 903

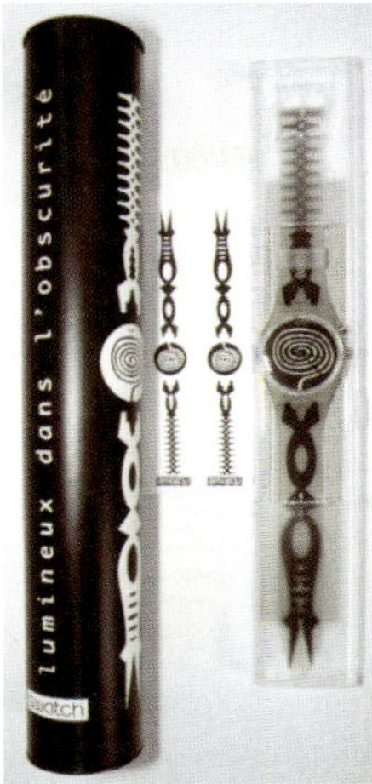

Primaries

GK 237

Silverlite

GM 140

GK 246

	DM	SFR	ÖS	US$	GB£	JP¥	LIT
GK 903 Signalite	80	60	600	50	30	6.000	79.000
GK 237 Pounding Heart	100	80	700	60	40	7.000	99.000
GM 140 Back-Up	80	60	600	50	30	6.000	79.000
GK 246 Accelerato	70	55	500	40	20	5.000	69.000

1997 - SPRING/SUMMER

GW 117

The Classics

GK 716 A/B

LK 159

GK 717 A/B

LK 160

	DM	SFR	ÖS	US$	GB£	JP¥	LIT
GW 117 Screen	70	55	500	40	20	5.000	69.000
GK 716 A/B Cool	90	70	600	50	30	6.000	89.000
LK 159 Shock	90	70	600	50	30	6.000	89.000
GK 717 A/B Monocular	90	70	600	50	30	6.000	89.000
LK 160 Binocular	90	70	600	50	30	6.000	89.000

The Artists

GN 170 GK 247 GG 145 GK 248 GG 144

	DM	SFR	ÖS	US$	GB£	JP¥	LIT
GN 170 The Lady & The Mirror	100	80	700	60	40	7.000	99.000
GK 247 Ticking Brain	100	80	700	60	40	7.000	99.000
GG 145 Windmeal	90	70	600	50	30	6.000	89.000
GK 248 Lipstick	90	70	600	50	30	6.000	89.000
GG 144 Destime	90	70	600	50	30	6.000	89.000

1997 - SPRING/SUMMER

GK 249

Cannes - 1997

GK 260

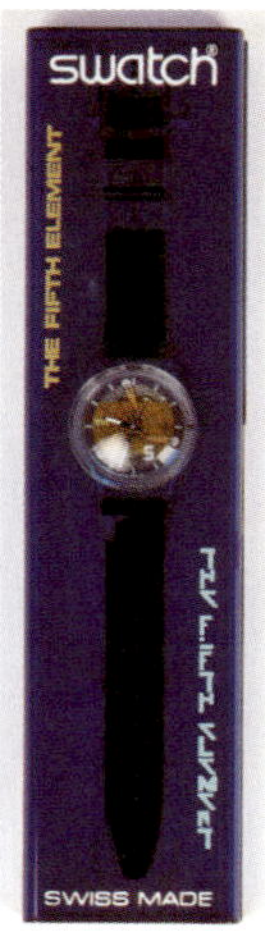

1000 Years

GB 181

GJ 120

GR 133

	DM	SFR	ÖS	US$	GB£	JP¥	LIT
GK 249 Color Scribbler	90	70	600	50	30	6.000	89.000
GK 260 The Fifth Element	100	80	700	60	40	7.000	99.000
GB 181 Sueño Mandrileño	70	55	500	40	20	5.000	69.000
GJ 120 Passage to Brooklyn	70	55	500	40	20	5.000	69.000
GR 133 Tokyo Manga	70	55	500	40	20	5.000	69.000

FALL/WINTER - 1997

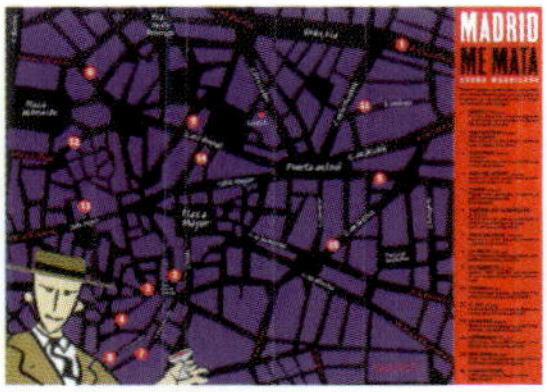

GB 181

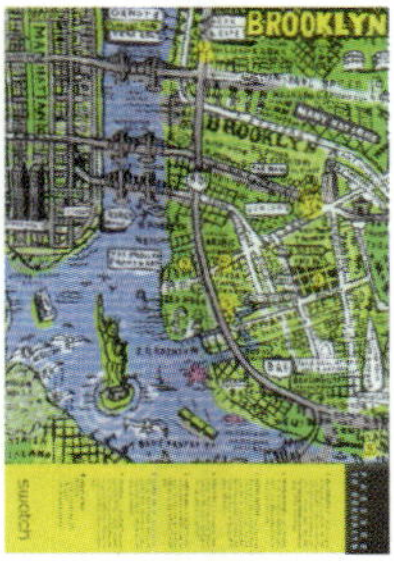

GJ 120

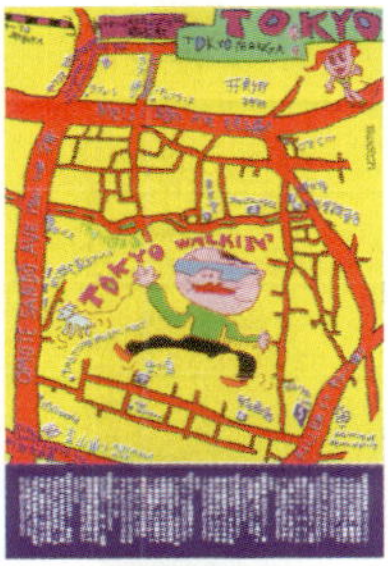

GR 133

GR 134

GR 134

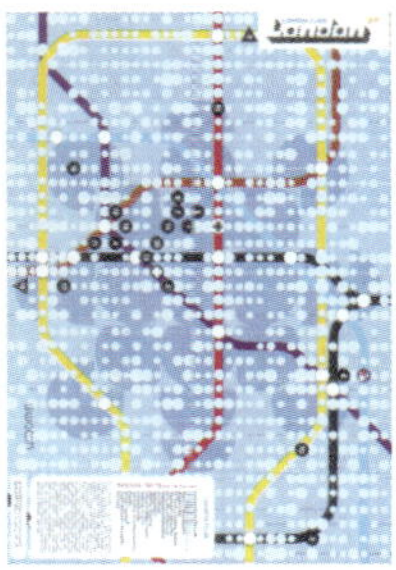

GS 106

GK 252

	DM	SFR	ÖS	US$	GB£	JP¥	LIT
GR 134 Champs de Züri	70	55	500	40	20	5.000	69.000
GS 106 London Club	70	55	500	40	20	5.000	69.000
GK 252 Side	70	55	500	40	20	5.000	69.000

1997 - FALL/WINTER

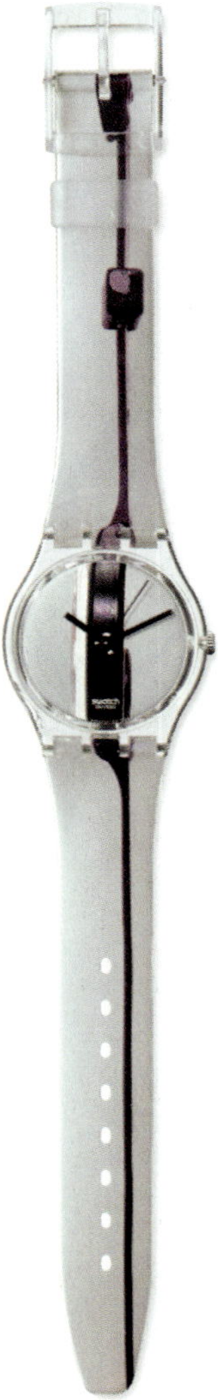

GK 253

GK 250

GK 254

GK 258

	DM	SFR	ÖS	US$	GB£	JP¥	LIT
GK 253 Profile	70	55	500	40	20	5.000	69.000
GK 250 Cigar	70	55	500	40	20	5.000	69.000
GK 254 Small in Big	70	55	500	40	20	5.000	69.000
GK 258 Never Seen Before	70	55	500	40	20	5.000	69.000

FALL/WINTER - 1997

GK 407

GK 721 A/B

GG 171 A/B

GK 251

GB 180

	DM	SFR	ÖS	US$	GB£	JP¥	LIT
GK 407 Bisex	70	55	500	40	20	5.000	69.000
GK 721 A/B Golden Days	80	60	600	50	30	6.000	79.000
GG 171 A/B Jade	80	60	600	50	30	6.000	79.000
GK 251 Dome	70	55	500	40	20	5.000	69.000
GB 180 Weight and See	80	60	600	50	30	6.000	79.000

1997 - FALL/WINTER

GB 182 GK 255 GK 259 GK 720 GB 183

	DM	SFR	ÖS	US$	GB£	JP¥	LIT
GB 182 Booster	80	60	600	50	30	6.000	79.000
GK 255 Sesterce	80	60	600	50	30	6.000	79.000
GK 259 Always Now	70	55	500	40	20	5.000	69.000
GK 720 Find the Code	70	55	500	40	20	5.000	69.000
GB 183 Overtime	80	60	600	50	30	6.000	79.000

1000 Light Years

GN 901

GK 904 A/B

GN 902

5 Seconds

GB 735

LB 145

	DM	SFR	ÖS	US$	GB£	JP¥	LIT
GN 901 Potluck	80	60	600	50	30	6.000	79.000
GK 904 A/B Paragon	80	60	600	50	30	6.000	79.000
GN 902 X-Ray	80	60	600	50	30	6.000	79.000
GB 735 Big Tselim	70	55	500	40	20	5.000	69.000
LB 145 Little Tselim	70	55	500	40	20	5.000	69.000

1997 - FALL/WINTER

GN 171 LP 117 GM 141 LM 113 GF 700

	DM	SFR	ÖS	US$	GB£	JP¥	LIT
GN 171 Smoked Blue	70	55	500	40	20	5.000	69.000
LP 117 Smoked Pink	70	55	500	40	20	5.000	69.000
GM 141 Razor	80	60	600	50	30	6.000	79.000
LM 113 Mascara	80	60	600	50	30	6.000	79.000
GF 700 Moreno	80	60	600	50	30	6.000	79.000

FALL/WINTER - 1997

LF 106 | GK 718 A/B | LK 162 | GK 256 A/B | LK 161

	DM	SFR	ÖS	US$	GB£	JP¥	LIT
LF 106 Morenita	80	60	600	50	30	6.000	79.000
GK 718 A/B Space Track	80	60	600	50	30	6.000	79.000
LK 162 Sobriety	80	60	600	50	30	6.000	79.000
GK 256 A/B Big Nomisma	80	60	600	50	30	6.000	79.000
LK 161 Small Nomisma	80	60	600	50	30	6.000	79.000

1997 - FALL/WINTER

20 Minutes

GK 257 A/B

LK 163

GN 172

GN 173

GR 135

	DM	SFR	ÖS	US$	GB£	JP¥	LIT
GK 257 A/B Rêve d'automne	80	60	600	50	30	6.000	79.000
LK 163 Clear Crystal	80	60	600	50	30	6.000	79.000
GN 172 Tempo Libero	90	70	600	50	30	6.000	89.000
GN 173 Moonchild	80	60	600	50	30	6.000	79.000
GR 135 Roboboy	80	60	600	50	30	6.000	79.000

SWATCH-WATCH-SPECIAL

Fachhandellogo - 1983

GB 101 GR 100 GG 400 GB 401

	DM	SFR	ÖS	US$	GB£	JP¥	LIT
GB 101 Fachhandellogo	2.300	1.910	16.200	1.330	810	160.000	2.272.000
GR 100 Fachhandellogo	3.000	2.490	21.100	1.740	1.060	209.000	2.964.000
GG 400 Fachhandellogo	3.400	2.820	23.900	1.970	1.200	237.000	3.359.000
GB 401 Fachhandellogo	3.400	2.820	23.900	1.970	1.200	237.000	3.359.000

1985/97 - SWATCH-WATCH-SPECIAL

GN 100 | GB 001 | GR 700 | GN 400 | GN 700

	DM	SFR	ÖS	US$	GB£	JP¥	LIT
GN 100 Fachhandellogo	3.400	2.820	23.900	1.970	1.200	237.000	3.359.000
GB 001 Fachhandellogo	2.800	2.320	19.700	1.620	990	195.000	2.767.000
GR 700 Fachhandellogo	2.300	1.910	16.200	1.330	810	160.000	2.272.000
GN 400 Fachhandellogo	2.000	1.660	14.100	1.160	710	140.000	1.976.000
GN 700 Fachhandellogo	2.000	1.660	14.100	1.160	710	140.000	1.976.000

SWATCH-WATCH-SPECIAL - 1985/97

Davos Symposium - 1985

GT 702 | GT 402 | GB 100 | GC 100 | GB 101

	DM	SFR	ÖS	US$	GB£	JP¥	LIT
GT 702 Fachhandellogo	1.900	1.580	13.400	1.100	670	133.000	1.877.000
GT 402 Fachhandellogo	2.200	1.830	15.500	1.280	780	154.000	2.174.000
GB 100 Fachhandellogo	2.500	2.080	17.600	1.450	890	174.000	2.470.000
GC 100 Fachhandellogo	3.100	2.570	21.800	1.800	1.100	216.000	3.063.000
GB 101 Davos Symposium	10.500	8.720	73.800	6.090	3.720	733.000	10.374.000

1985/97 - SWATCH-WATCH-SPECIAL

Andrew Logan - 1985

GK 100

Original Jelly Fish - 1985

US Specials - 1985

GO 001

LO 001

GZ 999

	DM	SFR	ÖS	US$	GB£	JP¥	LIT
GK 100 Andrew Logan	11.000	9.130	77.300	6.380	3.890	768.000	10.868.000
- Original Jelly Fish (200)	8.000	6.640	56.200	4.640	2.830	558.000	7.904.000
GO 001 Breakdance (9.999)	2.500	2.080	17.600	1.450	890	174.000	2.470.000
LO 001 Breakdance (9.999)	2.300	1.910	16.200	1.330	810	160.000	2.272.000
GZ 999 Velvet Underground (500)	7.900	6.560	55.500	4.580	2.800	551.000	7.806.000

SWATCH-WATCH-SPECIAL - 1985/97

Limelight - 1985

Limelight II - 1986

GZ 999 GB 106 LB 110 GB 112 LB 113

	DM	SFR	ÖS	US$	GB£	JP¥	LIT
GZ 999 Velvet Underground (500)	7.900	6.560	55.500	4.580	2.800	551.000	7.806.000
GB 106 Sir Limelight	1.000	830	7.000	580	350	70.000	988.000
LB 110 Lady Limelight	600	500	4.200	350	210	42.000	593.000
GB 112 Limelight II	900	750	6.300	520	320	63.000	889.000
LB 113 Limelight II	500	420	3.500	290	180	35.000	494.000

1985/97 - SWATCH-WATCH-SPECIAL

Limelight Reedition - 1987

GB 106 M | LB 110 M | GB 112 M | LB 113 M | GB 106 C

	DM	SFR	ÖS	US$	GB£	JP¥	LIT
GB 106 M Sir Limelight	1.000	830	7.000	580	350	70.000	988.000
LB 110 M Lady Limelight	750	620	5.300	440	270	52.000	741.000
GB 112 M Limelight II	900	750	6.300	520	320	63.000	889.000
LB 113 M Limelight II	650	540	4.600	380	230	45.000	642.000
GB 106 C Sir Limelight	1.000	830	7.000	580	350	70.000	988.000

LB 110 C　　GB 112 C　　LB 113 C

	DM	SFR	ÖS	US$	GB£	JP¥	LIT
LB 110 C Lady Limelight	750	620	5.300	440	270	52.000	741.000
GB 112 C Limelight II	900	750	6.300	520	320	63.000	889.000
LB 113 C Limelight II	650	540	4.600	380	230	45.000	642.000

1985/97 - SWATCH-WATCH-SPECIAL

Christmas - 1987

GZ 105

Christmas à Verseilles - 1988

GX 107

	DM	SFR	ÖS	US$	GB£	JP¥	LIT
GZ 105 Bergstrüssli (9.999)	2.200	1.830	15.500	1.280	780	154.000	2.174.000
GX 107 Bonaparte	800	660	5.600	460	280	56.000	790.000

GX 106

Christmas in Vienna - 1989

GZ 114

	DM	SFR	ÖS	US$	GB£	JP¥	LIT
GX 106 Pompadour	700	580	4.900	410	250	49.000	692.000
GZ 114 Mozart (7.500)	1.100	910	7.700	640	390	77.000	1.087.000

1985/97 - SWATCH-WATCH-SPECIAL

Christmas - 1990

GZ 116

Christmas - 1991

GZ 122

	DM	SFR	ÖS	US$	GB£	JP¥	LIT
GZ 116 Hollywood Dream (9.999)	3.000	2.490	21.100	1.740	1.060	209.000	2.964.000
GZ 122 Hocus Pocus (14.999)	950	790	6.700	550	340	66.000	939.000

Christmas - 1992

GZ 125

Christmas - 1993

GZ 127

	DM	SFR	ÖS	US$	GB£	JP¥	LIT
GZ 125 Chandelier (49.999)	350	290	2.500	200	120	24.000	346.000
GZ 127 Roy Solei (33.333)	450	370	3.200	260	160	31.000	445.000

1985/97 - SWATCH-WATCH-SPECIAL

Easter - 1994

Christmas - 1994

GZ 128

GZ 140

	DM	SFR	ÖS	US$	GB£	JP¥	LIT
GZ 128 Eggsdream (33.333)	300	250	2.100	170	110	21.000	296.000
GZ 140 Xmas by Xtian LaX (22.222)	950	790	6.700	550	340	66.000	939.000

Christmas - 1995

GZ 148

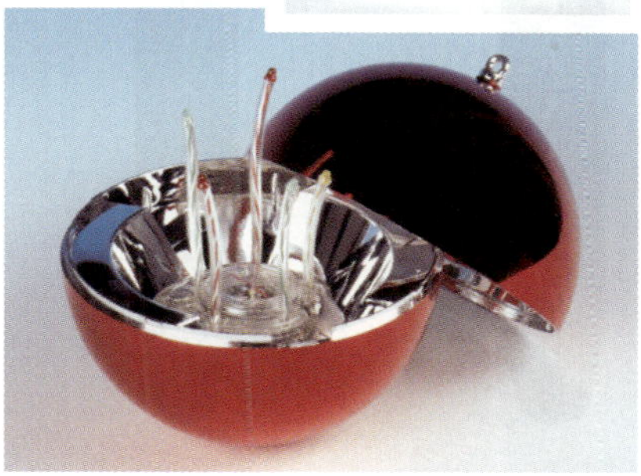

Christmas - 1996

GZ 152

	DM	SFR	ÖS	US$	GB£	JP¥	LIT
GZ 148 Magic Spell (29.876)	350	290	2.500	200	120	24.000	346.000
GZ 152 Light Tree (19.999)	350	290	2.500	200	120	24.000	346.000

1985/97 - SWATCH-WATCH-SPECIAL

Blow your Time away - 1987

Black Puff | Havana Puff | Royal Puff | Petrol Puff

	DM	SFR	ÖS	US$	GB£	JP¥	LIT
Black Puff (20)	40.750	33.820	286.500	23.640	14.430	2.844.000	40.263.000
Havana Puff (20)	40.750	33.820	286.500	23.640	14.430	2.844.000	40.263.000
Royal Puff (20)	40.750	33.820	286.500	23.640	14.430	2.844.000	40.263.000
Petrol Puff (20)	40.750	33.820	286.500	23.640	14.430	2.844.000	40.263.000

Cardinal Puff

Desert Puff

	DM	SFR	ÖS	US$	GB£	JP¥	LIT
Cardinal Puff (20)	40.750	33.820	286.500	23.640	14.430	2.844.000	40.263.000
Desert Puff (20)	40.750	33.820	286.500	23.640	14.430	2.844.000	40.263.000

1985/97 - SWATCH-WATCH-SPECIAL

Chronometer - 1990

GK 124

GP 104

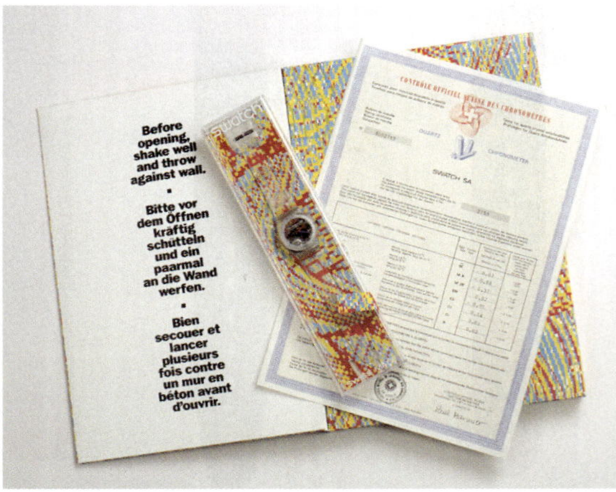

	DM	SFR	ÖS	US$	GB£	JP¥	LIT
GK 124 Jelly Fish (2.000)	1.100	910	7.700	640	390	77.000	1.087.000
GP 104 BMX (1.000)	1.550	1.290	10.900	900	550	108.000	1.531.000

Zermatt Special - 1992

GK 125 GB 719 GZ 126

	DM	SFR	ÖS	US$	GB£	JP¥	LIT
GK 125 Turbine (1.000)	1.550	1.290	10.900	900	550	108.000	1.531.000
GB 719 Knight of the Night (1.000)	1.780	1.480	12.500	1.030	630	124.000	1.759.000
GZ 126 Swatch the People	120	100	800	70	40	8.000	119.000

1985/97 - SWATCH-WATCH-SPECIAL

Cinema 100 - 1995

GZ 142

Cinema 100 Set (5.555)

Cinema 100 Set (30.945)

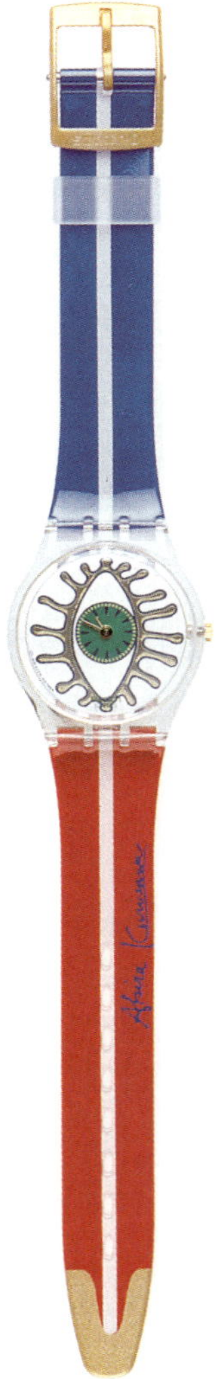

GZ 141

	DM	SFR	ÖS	US$	GB£	JP¥	LIT
GZ 142 Despiste (30.945)	150	120	1.100	90	50	10.000	148.000
Cinema Set 100 (5.555)	1.000	830	7.000	580	350	70.000	988.000
GZ 141 Eiga-Shi (30.945)	140	120	1.000	80	50	10.000	138.000

SWATCH-WATCH-SPECIAL - 1985/97

Walter Wegmüller - 1996

UNESCO RTL - 1996

27.10.1997

GZ 143 GZ 151 GZ 153 GZ 154

	DM	SFR	ÖS	US$	GB£	JP¥	LIT
GZ 143 Time to Reflect (30.945)	170	140	1.200	100	60	12.000	168.000
GZ 151 Oracolo	150	120	1.100	90	50	10.000	148.000
GZ 153 Rund um die Uhr	120	100	850	80	30	8.790	121.210
GZ 154 Smart (ca. 1.700)	800	660	5.600	460	280	56.000	790.000

1985/97 - SWATCH-CLUB-SPECIAL

Swatch Collectors of Swatch - 1990/91

GZ 115

Swatch Collectors of Swatch - 1992

GZ 121

	DM	SFR	ÖS	US$	GB£	JP¥	LIT
GZ 115 Golden Jelly	370	310	2.600	210	130	26.000	366.000
GZ 121 Lots of Dots	260	220	1.800	150	90	18.000	257.000

Swatch Collectors of Swatch - 1993

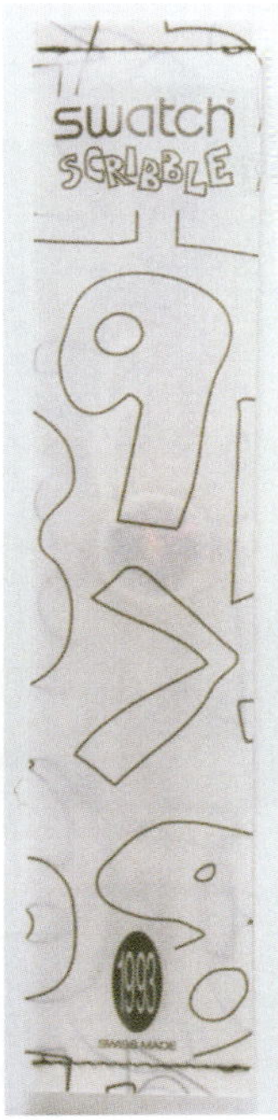

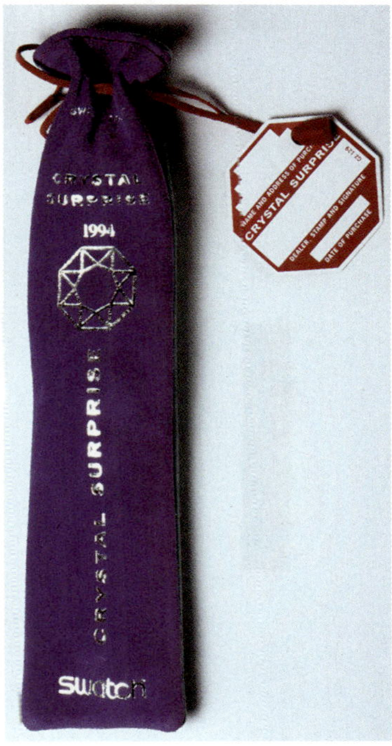

Swatch Collectors of Swatch - 1994

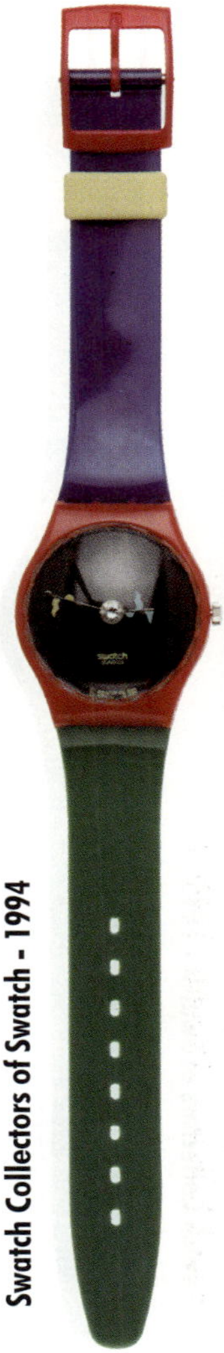

GZ 124

GZ 129

	DM	SFR	ÖS	US$	GB£	JP¥	LIT
GZ 124 Scribble	200	170	1.400	120	70	14.000	198.000
GZ 129 Crystal Surprise	230	190	1.600	130	80	16.000	227.000

1985/97 - SWATCH-CLUB-SPECIAL

Swatch Collectors of Swatch - 1995

GZ 146

	DM	SFR	ÖS	US$	GB£	JP¥	LIT
GZ 146 Point of View	230	190	1.600	130	80	16.000	227.000

SWATCH-CLUB-SPECIAL - 1985/97

GZ 700

GZ 701

	DM	SFR	ÖS	US$	GB£	JP¥	LIT
GZ 700 Looka	160	130	1.100	90	60	11.000	158.000
GZ 701 Smilla (20.000)	180	150	1.300	100	60	13.000	178.000

1985/97 - SWATCH-CLUB-SPECIAL

Swatch Collectors of Swatch - 1997

SKZ 103

GZ 901

	DM	SFR	ÖS	US$	GB£	JP¥	LIT
SKZ 103 Garden Turf	150	120	1.100	90	50	10.000	148.000
GZ 901 Gnomania (19.999)	300	250	2.100	170	110	21.000	296.000

OLYMPIA-SPECIAL - 1985/97

Olympia - 1984

Olympia - 1987

GZ 400 | LZ 100 | LZ 101 | GZ 400 re | LZ 100 re

	DM	SFR	ÖS	US$	GB£	JP¥	LIT
GZ 400 Olympia Logo	5.400	4.480	38.000	3.130	1.910	377.000	5.335.000
LZ 100 Olympia Logo	5.100	4.230	35.900	2.960	1.810	356.000	5.039.000
LZ 101 White Olympia	7.300	6.060	51.300	4.230	2.580	509.000	7.213.000
GZ 400 re Olympia Logo	800	660	5.600	460	280	56.000	790.000
LZ 100 re Olympia Logo	900	750	6.300	520	320	63.000	889.000

1985/97 - OLYMPIA-SPECIAL

Olympia - 1990

Olympia - 1994

Historical Olympic Games - 1994

GZ 402 LZ 102 GZ 404 SDZ 100 SLZ 100

	DM	SFR	ÖS	US$	GB£	JP¥	LIT
GZ 402 Olympia II	900	750	6.300	520	320	63.000	889.000
LZ 102 Olympia II	900	750	6.300	520	320	63.000	889.000
GZ 404 Olympia III	800	660	5.600	460	280	56.000	790.000
SDZ 100 Seoul 1988	90	70	600	50	30	6.000	89.000
SLZ 100 Tokyo 1964	100	80	700	60	40	7.000	99.000

OLYMPIA-SPECIAL - 1985/97

GZ 134

GZ 139

SAZ 103

SSZ 100

SCZ 102

	DM	SFR	ÖS	US$	GB£	JP¥	LIT
GZ 134 St. Moriz 1928	80	70	600	50	30	6.000	79.000
GZ 139 Atlanta 1996	100	80	700	60	40	7.000	99.000
SAZ 103 Stockholm 1912	120	100	800	70	40	8.000	119.000
SSZ 100 Los Angeles 1932	100	80	700	60	40	7.000	99.000
SCZ 102 London 1948	140	120	1.000	80	50	10.000	138.000

1985/97 - OLYMPIA-SPECIAL

PMZ 111 LZ 103 GZ 145 SCZ 104 SDZ 102

	DM	SFR	ÖS	US$	GB£	JP¥	LIT
PMZ 111 Roma 1960	80	70	600	50	30	6.000	79.000
LZ 103 Moscow 1980	80	70	600	50	30	6.000	79.000
GZ 145 Atlanta Laurels	110	90	800	60	40	8.000	109.000
SCZ 104 Kalos	140	120	1.000	80	50	10.000	138.000
SDZ 102 Thalassios	100	80	700	60	40	7.000	99.000

OLYMPIA-SPECIAL - 1985/97

SBZ 102 SAZ 104 SLZ 102 GZ 147 LZ 104

	DM	SFR	ÖS	US$	GB£	JP¥	LIT
SBZ 102 Nikiphoros	140	120	1.000	80	50	10.000	138.000
SAZ 104 Pyrsos	150	120	1.100	90	50	10.000	148.000
SLZ 102 Dolichos	120	100	800	70	40	8.000	119.000
GZ 147 Kotinos	110	90	800	60	40	8.000	109.000
LZ 104 Chrysophoros	80	70	600	50	30	6.000	79.000

1985/97 - OLYMPIA-SPECIAL

PMZ 103 SLZ 105 SAZ 106 GZ 149 SBZ 103

	DM	SFR	ÖS	US$	GB£	JP¥	LIT
PMZ 103 Ippolytos	80	70	600	50	30	6.000	79.000
SLZ 105 Katarina Witt	110	90	800	60	40	8.000	109.000
SAZ 106 Edwin Moses	120	100	800	70	40	8.000	119.000
GZ 149 Sebastian Coe	90	70	600	50	30	6.000	89.000
SBZ 103 Mark Spitz	150	120	1.100	90	50	10.000	148.000

OLYMPIA-SPECIAL - 1985/97

SEZ 101 | SDZ 900 | LZ 105 | PMZ 104 | SCZ 105

	DM	SFR	ÖS	US$	GB£	JP¥	LIT
SEZ 101 Saïd Aouita	150	120	1.100	90	50	10.000	148.000
SDZ 900 Dan Jansen	110	90	800	60	40	8.000	109.000
LZ 105 Nadia Comaneci	80	70	600	50	30	6.000	79.000
PMZ 104 Gelindo Bordin	80	70	600	50	30	6.000	79.000
SCZ 105 Daley Thompson	130	110	900	80	50	9.000	128.000

1985/97 - OLYMPIA-SPECIAL

Victory Ceremony Series - 1996

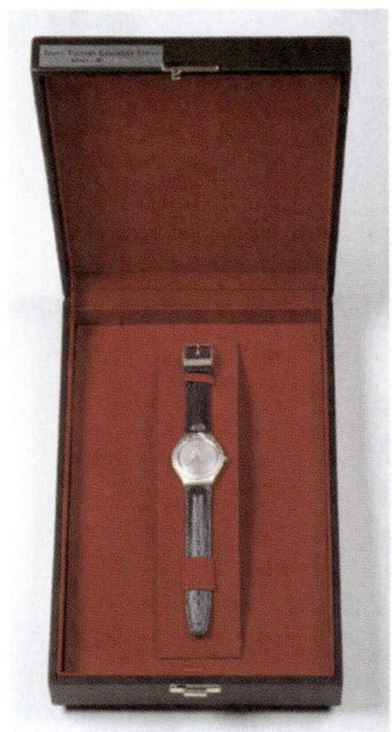

PUZ 100

Gold

	DM	SFR	ÖS	US$	GB£	JP¥	LIT
PUZ 100 Bob Beamon	90	70	600	50	30	6.000	89.000
GZ 150 T Gold (618)	5.000	4.150	35.200	2.900	1.770	349.000	4.940.000
Gold , Silver, Bronnze-Set	14.000	11.620	98.420	8.120	4960	976.920	13.832.560

OLYMPIA-SPECIAL - 1985/97

Silver

Bronze

Annie Leibovitz - 1996

GB 178

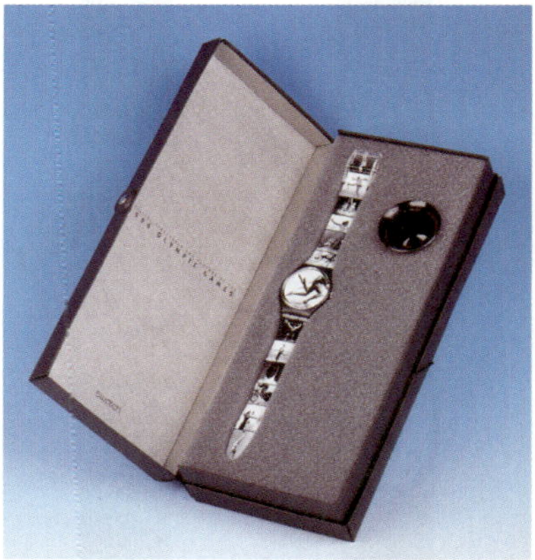

	DM	SFR	ÖS	US$	GB£	JP¥	LIT
GZ 150 U Silver (618)	3.000	2.490	21.100	1.740	1.060	209.000	2.964.000
GZ 150 V Bronze (618)	2.500	2.080	17.600	1.450	890	174.000	2.470.000
GB 178 Olympic Portraits	130	110	900	80	50	9.000	128.000

1985/97 - OLYMPIA-SPECIAL

GK 234 GZ 134 C SKK 100 C GJ 109 C GO 100 C

	DM	SFR	ÖS	US$	GB£	JP¥	LIT
GK 234 Starfire	150	120	1.100	90	50	10.000	148.000
GZ 134 C Atlanta Guest	600	500	4.200	350	210	42.000	593.000
SKK 100 C Atlanta Press	400	330	2.800	230	140	28.000	395.000
GJ 109 C Atlanta Volunteer	300	250	2.100	170	110	21.000	296.000
GO 100 C Atlanta Staff	300	250	2.100	170	110	21.000	296.000

OLYMPIA-SPECIAL - 1985/97

GZ 150

GZ 150

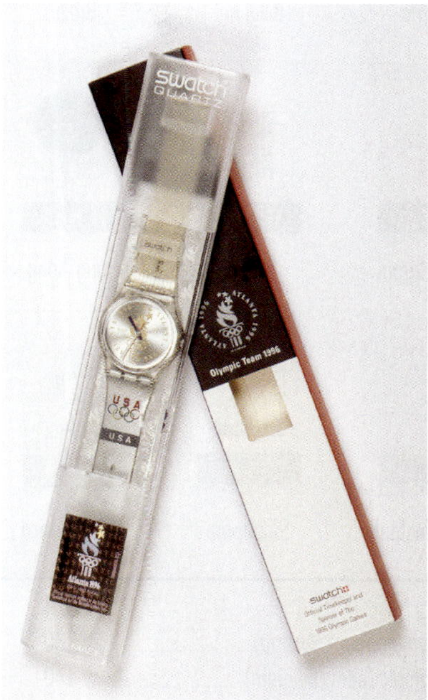

	DM	SFR	ÖS	US$	GB£	JP¥	LIT
GZ 150 Olympic Team 1996 .... Preise siehe nächste Seite / Check the next page for values							
GZ 150 Olympic Athletes 1996 .... Preise siehe übernächste Seite / Check the following page for values							

1985/97 - OLYMPIA-SPECIAL

Austria

Belgium

Brazil

China

France

Germany

Great Britain

Greece

Hong Kong

Indonesia

Italy

Malaysia

New Zealand

Singapore

South Africa

Spain

Switzerland

USA

	DM	SFR	ÖS	US$	GB£	JP¥	LIT
GZ 150 Olympic Team (Austria)	160	130	1.130	110	50	11.720	161.620
GZ 150 Olympic Team (Belgium)	140	120	1.000	80	50	10.000	138.000
GZ 150 Olympic Team (Brazil)	250	210	1.770	170	70	18.320	252.530
GZ 150 Olympic Team (China)	170	140	1.200	110	50	12.450	171.720
GZ 150 Olympic Team (France)	120	100	850	80	30	8.790	121.210
GZ 150 Olympic Team (Germany)	120	100	850	80	30	8.790	121.210
GZ 150 Olympic Team (Great Britain)	120	100	850	80	30	8.790	121.210
GZ 150 Olympic Team (Greece)	250	210	1.770	170	70	18.320	252.530
GZ 150 Olympic Team (Hong Kong)	200	160	1.410	130	50	14.650	202.020
GZ 150 Olympic Team (Indonesia)	200	160	1.410	130	50	14.650	202.020
GZ 150 Olympic Team (Italy)	120	100	850	80	30	8.790	121.210
GZ 150 Olympic Team (Malaysia)	230	190	1.600	130	80	16.000	227.000
GZ 150 Olympic Team (New Zealand)	1000	830	7.000	580	350	70.000	988.000
GZ 150 Olympic Team (Singapore)	170	140	1.200	110	50	12.450	171.720
GZ 150 Olympic Team (South Africa)	350	290	2.470	230	100	25.640	353.540
GZ 150 Olympic Team (Spain)	120	100	850	80	30	8.790	121.210
GZ 150 Olympic Team (Switzerland)	120	100	850	80	30	8.790	121.210
GZ 150 Olympic Team (USA)	120	100	850	80	30	8.790	121.210

OLYMPIA-SPECIAL - 1985/97

Austria

Belgium

Brazil

China

France

Germany

Great Britain

Greece

Hong Kong

Indonesia

Italy

Malaysia

Singapore

Spain

Switzerland

USA

	DM	SFR	ÖS	US$	GB£	JP¥	LIT
GZ 150 Olympic Team (Austria)	4.000	3.320	28.100	2.320	1.420	279.000	3.952.000
GZ 150 Olympic Team (Belgium)	2.000	1.660	14.100	1.160	710	140.000	1.976.000
GZ 150 Olympic Team (Brazil)	2.000	1.660	14.100	1.160	710	140.000	1.976.000
GZ 150 Olympic Team (China)	2.000	1.660	14.100	1.160	710	140.000	1.976.000
GZ 150 Olympic Team (France)	2.000	1.660	14.100	1.160	710	140.000	1.976.000
GZ 150 Olympic Team (Germany)	400	330	2.800	230	140	28.000	395.000
GZ 150 Olympic Team (Great Britain)	2.000	1.660	14.100	1.160	710	140.000	1.976.000
GZ 150 Olympic Team (Greece)	4.000	3.320	28.100	2.320	1.420	279.000	3.952.000
GZ 150 Olympic Team (Hong Kong)	3.000	2.490	21.090	1.740	1.060	209.340	2.964.120
GZ 150 Olympic Team (Indonesia)	1.500	1.250	10.500	870	530	105.000	1.482.000
GZ 150 Olympic Team (Italy)	400	330	2.800	230	140	28.000	395.000
GZ 150 Olympic Team (Malaysia)	4.000	3.320	28.100	2.320	1.420	279.000	3.952.000
GZ 150 Olympic Team (Singapore)	3.000	2.490	21.090	1.740	1.060	209.340	2.964.120
GZ 150 Olympic Team (Spain)	4.000	3.320	28.100	2.320	1.420	279.000	3.952.000
GZ 150 Olympic Team (Switzerland)	500	420	3.520	290	180	34.890	494.020
GZ 150 Olympic Team (USA)	2.000	1.660	14.100	1.160	710	140.000	1.976.000

1985/97 - OLYMPIA-SPECIAL

Olympic Medalist - 1996

Gold   Silver   Bronze

	DM	SFR	ÖS	US$	GB£	JP¥	LIT
GZ 150 Gold Medalist	5.000	4.150	35.150	2.900	1.770	348.900	4.940.200
GZ 150 Silver Medalist	5.000	4.150	35.150	2.900	1.770	348.900	4.940.200
GZ 150 Bronze Medalist	5.000	4.150	35.150	2.900	1.770	348.900	4.940.200

Kiki Picasso 1985

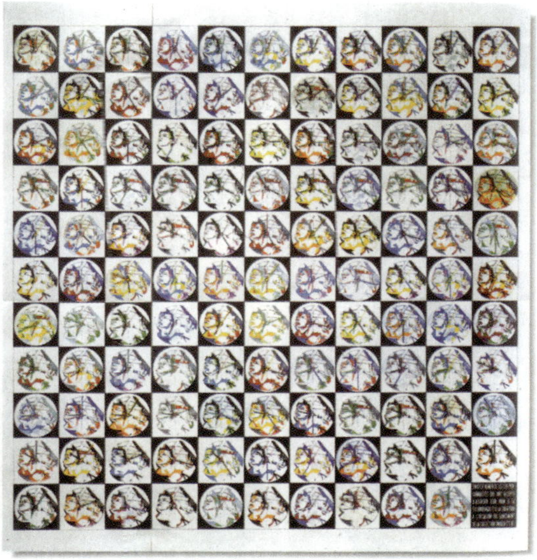

	DM	SFR	ÖS	US$	GB£	JP¥	LIT
Kiki Picasso (120)	40.000	33.200	281.200	23.200	14.160	2.791.000	39.522.000

1985/97 - SWATCH-WATCH-ART

Keith Haring 1986

Folon 1987

GZ 100 | GZ 103 | GZ 102 | GZ 104 | GZ 109

	DM	SFR	ÖS	US$	GB£	JP¥	LIT
GZ 100 Modèle avec Personnages (9.999)	2.400	1.990	16.900	1.390	850	167.000	2.371.000
GZ 103 Mille Pattes (9.999)	1.900	1.580	13.400	1.100	670	133.000	1.877.000
GZ 102 Serpent (9.999)	2.600	2.160	18.300	1.510	920	181.000	2.569.000
GZ 104 Blanc sur noir (9.999)	2.000	1.660	14.100	1.160	710	140.000	1.976.000
GZ 109 Voir (5.000)	750	620	5.300	440	270	52.000	741.000

SWATCH-WATCH-ART - 1985/97

Tadanori Yokoo 1987

Fondation Meaght 1988

GZ 106 GZ 108 GZ 107 GZ 110 GZ 111

	DM	SFR	ÖS	US$	GB£	JP¥	LIT
GZ 106 Perspective (5.000)	1.000	830	7.000	580	350	70.000	988.000
GZ 108 Le Temps (5.000)	700	580	4.900	410	250	49.000	692.000
GZ 107 Rorrim 5 (5.000)	3.500	2.910	24.600	2.030	1.240	244.000	3.458.000
GZ 110 Le Temps Ponctue (5.000)	1.700	1.410	12.000	990	600	119.000	1.680.000
GZ 111 Deux Amoureux (5.000)	1.700	1.410	12.000	990	600	119.000	1.680.000

1985/97 - SWATCH-WATCH-ART

GZ 401

Mimmo Paladino 1989

GZ 113

CH - 700 1991

GZ 117

	DM	SFR	ÖS	US$	GB£	JP¥	LIT
GZ 401 La Devoreuse (5.000)	1.700	1.410	12.000	990	600	119.000	1.680.000
GZ 113 Oigol Oro (140)	37.000	30.710	260.100	21.460	13.100	2.582.000	36.557.000
GZ 117 Fläck (2.-20. + 22.-23. Edition)	200	170	1.400	120	70	14.000	198.000

SWATCH-WATCH-ART - 1985/97

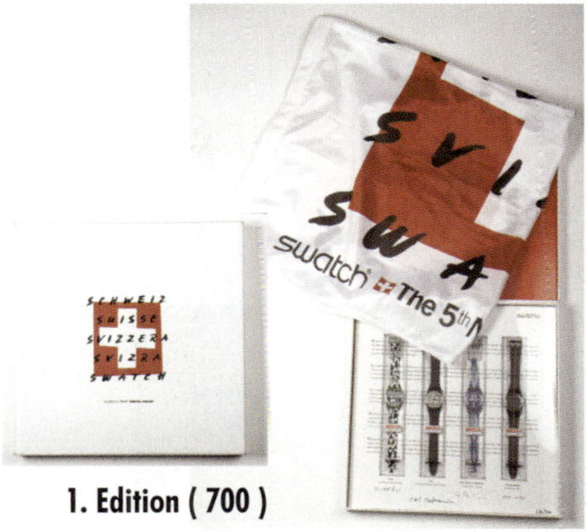

1. Edition (700)

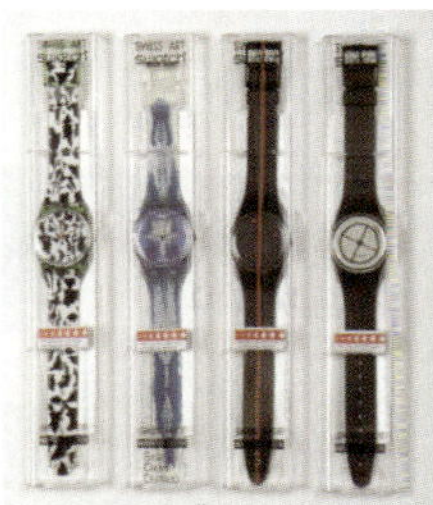

2. -20. Edition
+
22. - 23. Edition
(5000 p. Edition)

21. Edition (5000)

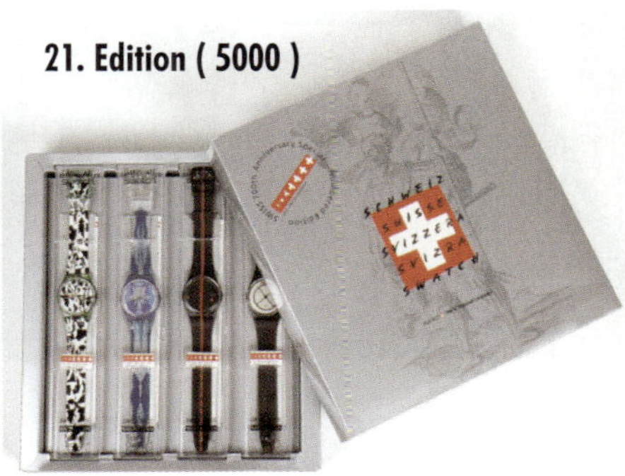

GZ 118

GZ 119

GZ 120

	DM	SFR	ÖS	US$	GB£	JP¥	LIT
GZ 118 Test (2.-20. + 22.-23. Edition)	140	120	1.000	80	50	10.000	138.000
GZ 119 Rosso su Blackout (2.-20. + 22.-23. Edition)	110	90	800	60	40	8.000	109.000
GZ 120 Wheel Animal (2.-20. + 22.-23. Edition)	90	70	600	50	30	6.000	89.000
1. Edition Set (700)	1.800	1.490	12.700	1.040	640	126.000	1.778.000
21. Edition Set (5.000)	600	500	4.200	350	210	42.000	593.000

1985/97 - SWATCH-WATCH-ART

Sam Francis 1992

GZ 123

	DM	SFR	ÖS	US$	GB£	JP¥	LIT
GZ 123 Sam Francis (49.999)	450	370	3.200	260	160	31.000	445.000

Mimmo Rotella 1994

GZ 132 GZ 133

	DM	SFR	ÖS	US$	GB£	JP¥	LIT
GZ 132 Bengala (22.222)	80	70	600	50	30	6.000	79.000
GZ 133 Marilyn (22.222)	120	100	800	70	40	8.000	119.000
Mimmo Rotella (Set)	270	220	1.900	160	100	19.000	267.000

1986/87 - POP-SWATCH

POP-SWATCH

BB 001 | BS 001 | BR 001

	DM	SFR	ÖS	US$	GB£	JP¥	LIT
BB 001 Jet-Black	220	180	1.500	130	80	15.000	217.000
BS 001 Blue Ribbon	220	180	1.500	130	80	15.000	217.000
BR 001 Fire Signal	220	180	1.500	130	80	15.000	217.000

POP-SWATCH - 1986/87

Pop Recco

BB 001

BS 001

BR 001

Classic Line

BW 001

	DM	SFR	ÖS	US$	GB£	JP¥	LIT
BB 001 Jet-Black	250	210	1.800	150	90	17.000	247.000
BS 001 Blue Ribbon	250	210	1.800	150	90	17.000	247.000
BR 001 Fire Signal	250	210	1.800	150	90	17.000	247.000
BW 001 Snowflake	220	180	1.500	130	80	15.000	217.000

1986/87 - POP-SWATCH

Classic Line

Accessories

BY 001 Pocket Sticker Magnet

	DM	SFR	ÖS	US$	GB£	JP¥	LIT
BY 001 Burning Sun	220	180	1.500	130	80	15.000	217.000
BB 001 Pocket	210	170	1.500	120	70	15.000	207.000
BB 001 Sticker	210	170	1.500	120	70	15.000	207.000
BB 001 Magnet	210	170	1.500	120	70	15.000	207.000

POP-SWATCH - 1986/87

Classic Line

BB 001 BS 001 BR 001 BW 001

	DM	SFR	ÖS	US$	GB£	JP¥	LIT
BB 001 Jet-Black	210	170	1.500	120	70	15.000	207.000
BS 001 Blue Ribbon	210	170	1.500	120	70	15.000	207.000
BR 001 Fire Signal	210	170	1.500	120	70	15.000	207.000
BW 001 Snowflake	210	170	1.500	120	70	15.000	207.000

1986/87 - POP-SWATCH

Classic Line

BY 001

	DM	SFR	ÖS	US$	GB£	JP¥	LIT
BY 001 Burning Sun	210	170	1.500	120	70	15.000	207.000

POP-SWATCH - 1988

Classic Line

BB 101 BS 101 BR 101 BW 101

	DM	SFR	ÖS	US$	GB£	JP¥	LIT
BB 101 Jet-Black	260	220	1.800	150	90	18.000	257.000
BS 101 Blue Ribbon	260	220	1.800	150	90	18.000	257.000
BR 101 Fire Signal	260	220	1.800	150	90	18.000	257.000
BW 101 Snowflake	260	220	1.800	150	90	18.000	257.000

1988 - POP-SWATCH

Fun Line

BK 101 BK 105 BK 102 BK 104

	DM	SFR	ÖS	US$	GB£	JP¥	LIT
BK 101 Acid Pop	200	170	1.400	120	70	14.000	198.000
BK 105 Blue Pop	200	170	1.400	120	70	14.000	198.000
BK 102 Hot Turq	200	170	1.400	120	70	14.000	198.000
BK 104 Cool Pink	200	170	1.400	120	70	14.000	198.000

POP-SWATCH - 1988

BB 103 | BB 102 | BC 101 | BC 103

	DM	SFR	ÖS	US$	GB£	JP¥	LIT
BB 103 Black Dots	180	150	1.300	100	60	13.000	178.000
BB 102 Grey Dots	180	150	1.300	100	60	13.000	178.000
BC 101 Roses are Forever	350	290	2.500	200	120	24.000	346.000
BC 103 Abraxas	200	170	1.400	120	70	14.000	198.000

1988 - POP-SWATCH

BB 104 BB 105 BC 102 BB 110

	DM	SFR	ÖS	US$	GB£	JP¥	LIT
BB 104 Trifoli	200	170	1.400	120	70	14.000	198.000
BB 105 Callisto	200	170	1.400	120	70	14.000	198.000
BC 102 Plutella	200	170	1.400	120	70	14.000	198.000
BB 110 City Blues	200	170	1.400	120	70	14.000	198.000

POP-SWATCH - 1988

BB 108 BB 109

	DM	SFR	ÖS	US$	GB£	JP¥	LIT
BB 108 Red Lights	200	170	1.400	120	70	14.000	198.000
BB 109 Rush Hour	200	170	1.400	120	70	14.000	198.000

1989 - SPRING/SUMMER

Zebra Time

PWBK 112 PWBK 110 PWBK 111 PWBK 109

	DM	SFR	ÖS	US$	GB£	JP¥	LIT
PWBK 112 Yellow Zebra	190	160	1.300	110	70	13.000	188.000
PWBK 110 Blue Zebra	190	160	1.300	110	70	13.000	188.000
PWBK 111 White Zebra	190	160	1.300	110	70	13.000	188.000
PWBK 109 Red Zebra	190	160	1.300	110	70	13.000	188.000

New Classics

New City Line

PWBB 111 PWBW 102 PWBB 113 PWBB 109

	DM	SFR	ÖS	US$	GB£	JP¥	LIT
PWBB 111 Jet Black Two	190	160	1.300	110	70	13.000	188.000
PWBW 102 Snowflake Two	190	160	1.300	110	70	13.000	188.000
PWBB 113 Grey Dots Two	190	160	1.300	110	70	13.000	188.000
PWBB 109 Rush Hour	190	160	1.300	110	70	13.000	188.000

1989 - SPRING/SUMMER

Pop Fiesta

Foot Work

PWBB 117 PWBB 116 PWBR 102 PWBB 115

	DM	SFR	ÖS	US$	GB£	JP¥	LIT
PWBB 117 Fluo Mex	190	160	1.300	110	70	13.000	188.000
PWBB 116 Aztec Red	190	160	1.300	110	70	13.000	188.000
PWBR 102 Fox-Trot	190	160	1.300	110	70	13.000	188.000
PWBB 115 PC/One	190	160	1.300	110	70	13.000	188.000

Play Time

Funpop

PWBK 113 PWBK 114 PWBK 106 PWBB 107

	DM	SFR	ÖS	US$	GB£	JP¥	LIT
PWBK 113 Rainbow Dots	190	160	1.300	110	70	13.000	188.000
PWBK 114 Paste Domino	190	160	1.300	110	70	13.000	188.000
PWBK 106 Pink Jam	190	160	1.300	110	70	13.000	188.000
PWBB 107 Neon Black	190	160	1.300	110	70	13.000	188.000

1989 - SPRING/SUMMER

Classic Classics

City Lights

PWBK 120 PWBR 103 PWBB 120 PWBB 122

	DM	SFR	ÖS	US$	GB£	JP¥	LIT
PWBK 120 Aqua Pink	190	160	1.300	110	70	13.000	188.000
PWBR 103 Better Red	190	160	1.300	110	70	13.000	188.000
PWBB 120 Basic Black	190	160	1.300	110	70	13.000	188.000
PWBB 122 Spotlight	190	160	1.300	110	70	13.000	188.000

Music Waves

PWBB 121 PWBB 123 PWBB 125 PWBB 126

	DM	SFR	ÖS	US$	GB£	JP¥	LIT
PWBB 121 Parade	190	160	1.300	110	70	13.000	188.000
PWBB 123 Chromolux	190	160	1.300	110	70	13.000	188.000
PWBB 125 Ting-a-Ling	190	160	1.300	110	70	13.000	188.000
PWBB 126 Moog Mood	190	160	1.300	110	70	13.000	188.000

1989 - FALL/WINTER

PWBB 124 PWBB 129 PWBB 104 PWBB 131

	DM	SFR	ÖS	US$	GB£	JP¥	LIT
PWBB 124 Mono Track	190	160	1.300	110	70	13.000	188.000
PWBB 129 Wristpad	190	160	1.300	110	70	13.000	188.000
PWBR 104 Air Walker	190	160	1.300	110	70	13.000	188.000
PWBB 131 Black Spider	190	160	1.300	110	70	13.000	188.000

FALL/WINTER - 1989

Magic Potion

PWBK 125 PWBB 132 PWBB 127 PWBK 124

	DM	SFR	ÖS	US$	GB£	JP¥	LIT
PWBK 125 Winner Circle	190	160	1.300	110	70	13.000	188.000
PWBB 132 Finish Line	190	160	1.300	110	70	13.000	188.000
PWBB 127 Black Moon	190	160	1.300	110	70	13.000	188.000
PWBK 124 Golden Poison	190	160	1.300	110	70	13.000	188.000

1989 - FALL/WINTER

Le grand Nord

PWBK 122 PWBK 103

	DM	SFR	ÖS	US$	GB£	JP¥	LIT
PWBK 122 Ice Dream	190	160	1.300	110	70	13.000	188.000
PWBK 103 Polar Paw	190	160	1.300	110	70	13.000	188.000

SPRING/SUMMER - 1990

PWBB 136 PWBB 135 PWBB 137 PWBB 133

	DM	SFR	ÖS	US$	GB£	JP¥	LIT
PWBB 136 Blue Words	180	150	1.300	100	60	13.000	178.000
PWBB 135 Red Game	180	150	1.300	100	60	13.000	178.000
PWBB 137 Play Back	180	150	1.300	100	60	13.000	178.000
PWBB 133 Ink	180	150	1.300	100	60	13.000	178.000

1990 - SPRING/SUMMER

Back to the Roots

Crazy Sports

PWBB 134 PWBK 129 PWBK 128 PWBK 126

	DM	SFR	ÖS	US$	GB£	JP¥	LIT
PWBB 134 Mocca	180	150	1.300	100	60	13.000	178.000
PWBK 129 Silversilk	180	150	1.300	100	60	13.000	178.000
PWBK 128 Coppermine	180	150	1.300	100	60	13.000	178.000
PWBK 126 Bungy	180	150	1.300	100	60	13.000	178.000

PWBJ 100 PWBB 143 PWBK 127 PWBB 141

	DM	SFR	ÖS	US$	GB£	JP¥	LIT
PWBJ 100 Skate	180	150	1.300	100	60	13.000	178.000
PWBB 143 Animalo	180	150	1.300	100	60	13.000	178.000
PWBK 127 Pina Colada	180	150	1.300	100	60	13.000	178.000
PWBB 141 Aloha	180	150	1.300	100	60	13.000	178.000

1990 - SPRING/SUMMER

Hard Days Nights

PWBS 104 PWBB 140 Dummy PWBB 139

	DM	SFR	ÖS	US$	GB£	JP¥	LIT
PWBS 104 Tropical Night	180	150	1.300	100	60	13.000	178.000
PWBB 140 Red Eye	180	150	1.300	100	60	13.000	178.000
Dummy Red Eye	180	150	1.300	100	60	13.000	178.000
PWBB 139 Knock Out	180	150	1.300	100	60	13.000	178.000

PWB 146 PWB 145 PWB 144 PWB 147

	DM	SFR	ÖS	US$	GB£	JP¥	LIT
PWB 146 Djellabah	180	150	1.300	100	60	13.000	178.000
PWB 145 Desert	180	150	1.300	100	60	13.000	178.000
PWB 144 Night	180	150	1.300	100	60	13.000	178.000
PWB 147 Paros	180	150	1.300	100	60	13.000	178.000

1990 - FALL/WINTER

Dummy | PWB 149 | Dummy | PWM 100

	DM	SFR	ÖS	US$	GB£	JP¥	LIT
Dummy Paros (VI = IV)	180	150	1.300	100	60	13.000	178.000
PWB 149 Naxos	180	150	1.300	100	60	13.000	178.000
Dummy Naxos (VI = IV)	180	150	1.300	100	60	13.000	178.000
PWM 100 Croco	180	150	1.300	100	60	13.000	178.000

PWC 104 PWK 130 PWN 101 PWN 100

	DM	SFR	ÖS	US$	GB£	JP¥	LIT
PWC 104 Dile	180	150	1.300	100	60	13.000	178.000
PWK 130 Formula Uno	180	150	1.300	100	60	13.000	178.000
PWN 101 Photofinish	180	150	1.300	100	60	13.000	178.000
PWN 100 Icecapade	180	150	1.300	100	60	13.000	173.000

1990 - FALL/WINTER

PWR 105 PWR 106 PWJ 101 PWK 132

	DM	SFR	ÖS	US$	GB£	JP¥	LIT
PWR 105 Caleidoscope	180	150	1.300	100	60	13.000	178.000
PWR 106 Sputnik	180	150	1.300	100	60	13.000	178.000
PWJ 101 Moondancer	180	150	1.300	100	60	13.000	178.000
PWK 132 Color Story	180	150	1.300	100	60	13.000	178.000

PWB 150 PWK 135 PWK 134 PWB 148

	DM	SFR	ÖS	US$	GB£	JP¥	LIT
PWB 150 Patchwork	180	150	1.300	100	60	13.000	178.000
PWK 135 Jungle Roar	180	150	1.300	100	60	13.000	178.000
PWK 134 Maharajah	180	150	1.300	100	60	13.000	178.000
PWB 148 Gengis Khan	180	150	1.300	100	60	13.000	178.000

1990 - FALL/WINTER

PWK 133

	DM	SFR	ÖS	US$	GB£	JP¥	LIT
PWK 133 Odalisque	180	150	1.300	100	60	13.000	178.000

SPRING/SUMMER - 1991

Writings

Private Society

City Lights

PWK 141 PWK 142 PWK 144 PWB 154

	DM	SFR	ÖS	US$	GB£	JP¥	LIT
PWK 141 Letterhead	100	80	700	60	40	7.000	99.000
PWK 142 Secret Red	110	90	800	60	40	8.000	109.000
PWK 144 Legal Blue	120	100	800	70	40	8.000	119.000
PWB 154 Blue Night	100	80	700	60	40	7.000	99.000

1991 - SPRING/SUMMER

PWB 152

PWB 153

Travel Tags

PWF 100

PWK 140

	DM	SFR	ÖS	US$	GB£	JP¥	LIT
PWB 152 Blacktop	100	80	700	60	40	7.000	99.000
PWB 153 Red Stop	100	80	700	60	40	7.000	99.000
PWF 100 Quisisana	90	70	600	50	30	6.000	89.000
PWK 140 Raffles	100	80	700	60	40	7.000	99.000

PWK 138 PWK 143 PWN 102 PWK 137

	DM	SFR	ÖS	US$	GB£	JP¥	LIT
PWK 138 Aqua Club	100	80	700	60	40	7.000	99.000
PWK 143 Phantasy Waves	80	70	600	50	30	6.000	79.000
PWN 102 Aquaba	110	90	800	60	40	8.000	109.000
PWK 137 Provençal	70	60	500	40	20	5.000	69.000

1991 - SPRING/SUMMER

Fabrics

Active Sport

PWK 146 | PWK 139 | PWP 100 | Dummy

	DM	SFR	ÖS	US$	GB£	JP¥	LIT
PWK 146 Nymphaea	120	100	800	70	40	8.000	119.000
PWK 139 Jumping	70	60	500	40	20	5.000	69.000
PWP 100 Running	70	60	500	40	20	5.000	69.000
Dummy Running (Gehäuse / Case Pink)	130	110	900	80	50	9.000	128.000

FALL/WINTER - 1991

Morris

Contest

PWB 155 PWB 156 PWB 157 PWK 147

	DM	SFR	ÖS	US$	GB£	JP¥	LIT
PWB 155 Gunpowder	130	110	900	80	50	9.000	128.000
PWB 156 Shangri-La	100	80	700	60	40	7.000	99.000
PWB 157 Green Tiki	100	80	700	60	40	7.000	99.000
PWK 147 Pole Vault	80	70	600	50	30	6.000	79.000

1991 - FALL/WINTER

Geosports

Circus Polka

Giacon's

PWJ 102 PWK 148 PWK 149 PWK 150

	DM	SFR	ÖS	US$	GB£	JP¥	LIT
PWJ 102 Countdown	80	70	600	50	30	6.000	79.000
PWK 148 Checkpoint	70	60	500	40	20	5.000	69.000
PWK 149 Acrobat	70	60	500	40	20	5.000	69.000
PWK 150 Lady Octopus	90	70	600	50	30	6.000	89.000

FALL/WINTER - 1991

PWK 151

PWN 104

PWR 107

PWB 158

	DM	SFR	ÖS	US$	GB£	JP¥	LIT
PWK 151 Milano	90	70	600	50	30	6.000	89.000
PWN 104 Contessa	70	60	500	40	20	5.000	69.000
PWR 107 Art Déco	130	110	900	80	50	9.000	128.000
PWB 158 Fireworks	100	80	700	60	40	7.000	99.000

1991 - FALL/WINTER

Asian Time

PWK 152

Velours

PWB 159 PWB 160

	DM	SFR	ÖS	US$	GB£	JP¥	LIT
PWK 152 Pleasure Garden	100	80	700	60	40	7.000	99.000
PWB 159 Blue Velvet	170	140	1.200	100	60	12.000	168.000
PWB 160 Red Velvet	170	140	1.200	100	60	12.000	168.000

SPRING/SUMMER - 1992

PWB 168 PWB 169 PWB 164 PWK 154

	DM	SFR	ÖS	US$	GB£	JP¥	LIT
PWB 168 Star Parade	110	90	800	60	40	8.000	109.000
PWB 169 Roman Night	90	70	600	50	30	6.000	89.000
PWB 164 Uphill	70	60	500	40	20	5.000	69.000
PWK 154 Downhill	80	70	600	50	30	6.000	79.000

1992 - SPRING/SUMMER

Luminescence

PWK 160

PWB 165

Deco Wers

PWK 155

Best Friends

PWN 106

	DM	SFR	ÖS	US$	GB£	JP¥	LIT
PWK 160 La Boite	80	70	600	50	30	6.000	79.000
PWB 165 Sporting Club	110	90	800	60	40	8.000	109.000
PWK 155 Corolla	70	60	500	40	20	5.000	69.000
PWN 106 Blub Blub	80	70	600	50	30	6.000	79.000

Flavours

Hawaii Pacific

PWK 156 PWB 166 PWB 167 PWK 157

	DM	SFR	ÖS	US$	GB£	JP¥	LIT
PWK 156 Meeoow	80	70	600	50	30	6.000	79.000
PWB 166 Mint Sea	90	70	600	50	30	6.000	89.000
PWB 167 Granatina	90	70	600	50	30	6.000	89.000
PWK 157 Coquillage	80	70	600	50	30	6.000	79.000

1992 - SPRING/SUMMER

Flower Salad

Optimals

PWK 158

PWK 159

PWJ 103

PWB 172

	DM	SFR	ÖS	US$	GB£	JP¥	LIT
PWK 158 Coconut	80	70	600	50	30	6.000	79.000
PWK 159 Bouquet	80	70	600	50	30	6.000	79.000
PWJ 103 Micro Garden	70	60	500	40	20	5.000	69.000
PWB 172 Checks	70	60	500	40	20	5.000	69.000

FALL/WINTER - 1992

Ave Montaigne

Wonderland

PWK 166 PWK 167 PWG 100 PWK 165

	DM	SFR	ÖS	US$	GB£	JP¥	LIT
PWK 166 Dots	70	60	500	40	20	5.000	69.000
PWK 167 Squares	70	60	500	40	20	5.000	69.000
PWG 100 Perles de Folie	90	70	600	50	30	6.000	89.000
PWK 165 Alice	130	110	900	80	50	9.000	128.000

1992 - FALL/WINTER

Sport Symbols

PWK 163

PWK 162

Pied de Poule

PWK 164

Cotton Club

PWB 171

	DM	SFR	ÖS	US$	GB£	JP¥	LIT
PWK 163 Sportpourri	80	70	600	50	30	6.000	79.000
PWK 162 Fitness Club	70	60	500	40	20	5.000	69.000
PWK 164 Mlle	70	60	500	40	20	5.000	69.000
PWB 171 China	100	80	700	60	40	7.000	99.000

PWB 170

Swatch save the Watch

PWK 169

PWK 170

African Geo

PWN 108

	DM	SFR	ÖS	US$	GB£	JP¥	LIT
PWB 170 Tibet	100	80	700	60	40	7.000	99.000
PWK 169 Guinevere	140	120	1.000	80	50	10.000	138.000
PWK 170 Lancelot	90	70	600	50	30	6.000	89.000
PWN 108 Ndebele	80	70	600	50	30	6.000	79.000

1992 - FALL/WINTER

Vivienne's

PWN 107 PWK 168

	DM	SFR	ÖS	US$	GB£	JP¥	LIT
PWN 107 Muezzin	90	70	600	50	30	6.000	89.000
PWK 168 Putti	350	290	2.500	200	120	24.000	346.000

PWN 109 PWK 173 PWK 172 PWB 173

	DM	SFR	ÖS	US$	GB£	JP¥	LIT
PWN 109 Chich castenango	80	70	600	50	30	6.000	79.000
PWK 173 Popocatepetl	80	70	600	50	30	6.000	79.000
PWK 172 Tegucigalpa	80	70	600	50	30	6.000	79.000
PWB 173 Neriss mo	90	70	600	50	30	6.000	89.000

1993 - SPRING/SUMMER

PWK 171 PWJ 104 PWK 175 PWK 176

	DM	SFR	ÖS	US$	GB£	JP¥	LIT
PWK 171 Square Parade	90	70	600	50	30	6.000	89.000
PWJ 104 Windsurfing	70	60	500	40	20	5.000	69.000
PWK 175 Waterskiing	70	60	500	40	20	5.000	69.000
PWK 176 Paragliding	90	70	600	50	30	6.000	89.000

SPRING/SUMMER - 1993

Souvenir d'Afrique

Regimental

Promenade

PWK 177 | PWK 174 | PWK 178 | PWK 179

	DM	SFR	ÖS	US$	GB£	JP¥	LIT
PWK 177 Matin à Tanger	120	100	800	70	40	8.000	119.000
PWK 174 Pitsch Patsch	110	90	800	60	40	8.000	109.000
PWK 178 Raspberry	100	80	700	60	40	7.000	99.000
PWK 179 Blueberry	100	80	700	60	40	7.000	99.000

1993 - SPRING/SUMMER

Menu d'ete

Holiday Trip

Gouaches

PWK 181 PWK 182 PWK 180 PWK 187

	DM	SFR	ÖS	US$	GB£	JP¥	LIT
PWK 181 Langoustine	90	70	600	50	30	6.000	89.000
PWK 182 Lonely Island	90	70	600	50	30	6.000	89.000
PWK 180 The Life Saver	80	70	600	50	30	6.000	79.000
PWK 187 Palmtree	100	80	700	60	40	7.000	99.000

FALL/WINTER - 1993

PMK 104 | PWN 112 | PMN 101 | PWK 185

	DM	SFR	ÖS	US$	GB£	JP¥	LIT
PMK 104 Palmtree	110	90	800	60	40	8.000	109.000
PWN 112 Kasbahnight	100	80	700	60	40	7.000	99.000
PMN 101 Kasbahnight	110	90	800	60	40	8.000	109.000
PWK 185 Point	80	70	600	50	30	6.000	79.000

1993 - FALL/WINTER

PMK 102 PWK 189 PMK 106 PWM 102

	DM	SFR	ÖS	US$	GB£	JP¥	LIT
PMK 102 Point	90	70	600	50	30	6.000	89.000
PWK 189 Nineteen	80	70	600	50	30	6.000	79.000
PMK 106 Nineteen	90	70	600	50	30	6.000	89.000
PWM 102 Mondfinsternis	100	80	700	60	40	7.000	99.000

Velluto

PMM 101 PWN 110 PMN 100 PWK 188

	DM	SFR	ÖS	US$	GB£	JP¥	LIT
PMM 101 Mondfinsternis	110	90	800	60	40	8.000	109.000
PWN 110 Nordlicht	80	70	600	50	30	6.000	79.000
PMN 100 Nordlicht	90	70	600	50	30	6.000	89.000
PWK 188 Green Queen	150	120	1.100	90	50	10.000	148.000

1993 - FALL/WINTER

PMK 105 PWK 184 PMK 101 PWK 186

	DM	SFR	ÖS	US$	GB£	JP¥	LIT
PMK 105 Green Queen	170	140	1.200	100	60	12.000	168.000
PWK 184 Melanie	110	90	800	60	40	8.000	109.000
PMK 101 Melanie	120	100	800	70	40	8.000	119.000
PWK 186 Golden Cage	110	90	800	60	40	8.000	109.000

FALL/WINTER - 1993

PMK 103 PWK 183 PMK 100 PWM 101

	DM	SFR	ÖS	US$	GB£	JP¥	LIT
PMK 103 Golden Cage	120	100	800	70	40	8.000	119.000
PWK 183 Betulla	90	70	600	50	30	6.000	89.000
PMK 100 Betulla	100	80	700	60	40	7.000	99.000
PWM 101 Buchara	80	70	600	50	30	6.000	79.000

1993 - FALL/WINTER

J.C. de Castelbajac's

PMM 100 PWK 190 PMK 107

	DM	SFR	ÖS	US$	GB£	JP¥	LIT
PMM 100 Buchara	90	70	600	50	30	6.000	89.000
PWK 190 Enjoy it	130	110	900	80	50	9.000	128.000
PMK 107 Enjoy it	150	120	1.100	90	50	10.000	148.000

Popjective

PWB 174

PWG 101

Distingue

PWK 193

Jeux

PWN 113

	DM	SFR	ÖS	US$	GB£	JP¥	LIT
PWB 174 Tri-Angles	100	80	700	60	40	7.000	99.000
PWG 101 Wide Angle	100	80	700	60	40	7.000	99.000
PWK 193 Haute Societe	100	80	700	60	40	7.000	99.000
PWN 113 Rebus	70	60	500	40	20	5.000	69.000

1994 - SPRING/SUMMER

Echaurren's

PWV 101

Shore Stories

PWR 109

PWK 192

Vacances

PWK 194

	DM	SFR	ÖS	US$	GB£	JP¥	LIT
PWV 101 Farfalla	70	60	500	40	20	5.000	69.000
PWR 109 Point Waves	70	60	500	40	20	5.000	69.000
PWK 192 Temple	80	70	600	50	30	6.000	79.000
PWK 194 Swimmer	70	60	500	40	20	5.000	69.000

PWK 195 PWR 108 PWV 100 PWK 196

	DM	SFR	ÖS	US$	GB£	JP¥	LIT
PWK 195 Beach Cafe	90	70	600	50	30	6.000	89.000
PWR 108 Epice	90	70	600	50	30	6.000	89.000
PWV 100 Sarong	110	90	800	60	40	8.000	109.000
PWK 196 Anguria	110	90	800	60	40	8.000	109.000

1994 - SPRING/SUMMER

Glimmer

Yoyo's

Grand Cru

PWK 191 PPB 101 PPK 101 PMM 102

	DM	SFR	ÖS	US$	GB£	JP¥	LIT
PWK 191 Shining	90	70	600	50	30	6.000	89.000
PPB 101 Memento	90	70	600	50	30	6.000	89.000
PPK 101 Pocket Mix	90	70	600	50	30	6.000	89.000
PMM 102 Noir du Soir	100	80	700	60	40	7.000	99.000

FALL/WINTER - 1994

Sweet Pleasures

Psycho Birds

Floral Seals

PWK 197 PWV 102 PWK 201 PMO 100

	DM	SFR	ÖS	US$	GB£	JP¥	LIT
PWK 197 Mélange	90	70	600	50	30	6.000	89.000
PWV 102 The Woodleaker	110	90	800	60	40	8.000	109.000
PWK 201 Percy's Love	80	70	600	50	30	6.000	79.000
PMO 100 Palace Doors	80	70	600	50	30	6.000	79.000

1994 - FALL/WINTER

La Divina

PMG 100

PMN 103

Après Ski

PWN 114

	DM	SFR	ÖS	US$	GB£	JP¥	LIT
PMG 100 Die Herzogin	80	70	600	50	30	6.000	79.000
PMN 103 Patching	80	70	600	50	30	6.000	79.000
PWN 114 Happy Skiing	120	100	800	70	40	8.000	119.000

FMG 101 PWK 203 PWK 204 PMM 103

	DM	SFR	ÖS	US$	GB£	JP¥	LIT
FMG 101 Marguerite	240	200	1.700	140	80	17.000	237.000
PWK 203 Akros	150	120	1.100	90	50	10.000	148.000
PWK 204 Moala	250	210	1.800	150	90	17.000	247.000
PMM 103 Roses &...	80	70	600	50	30	6.000	79.000

1995 - SPRING/SUMMER

PMK 109

PMR 100

PMK 108

PPK 102

	DM	SFR	ÖS	US$	GB£	JP¥	LIT
PMK 109 Vert	110	90	800	60	40	8.000	109.000
PMR 100 Rouge	90	70	600	50	30	6.000	89.000
PMK 108 Pantoufle	110	90	800	60	40	8.000	109.000
PPK 102 Graphology	80	70	600	50	30	6.000	79.000

The Classics

Black or White

PPB 102

PWB 175

PMW 100

PPW 100

	DM	SFR	ÖS	US$	GB£	JP¥	LIT
PPB 102 Mythology	90	70	600	50	30	6.000	89.000
PWB 175 A Jamais	110	90	800	60	40	8.000	109.000
PMW 100 Black Widow	100	80	700	60	40	7.000	99.000
PPW 100 Blackout	90	70	600	50	30	6.000	89.000

1995 - FALL/WINTER

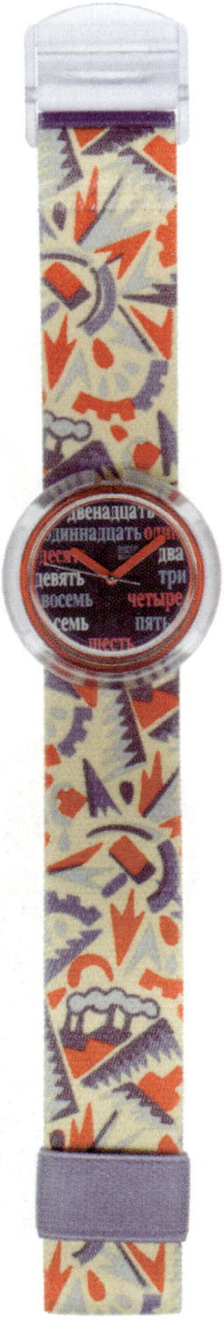

Russian Inspirations

PMR 101

Velvet Sensations

PMB 102

The Big Cold

PMN 104

Highland Stories

PMK 110

	DM	SFR	ÖS	US$	GB£	JP¥	LIT
PMR 101 Derjava	90	70	600	50	30	6.000	89.000
PMB 102 Smooth Velvet	110	90	800	60	40	8.000	109.000
PMN 104 Warm Up	90	70	600	50	30	6.000	89.000
PMK 110 Mc Lola	90	70	600	50	30	6.000	89.000

Short Stories

PMO 101

PFB 103

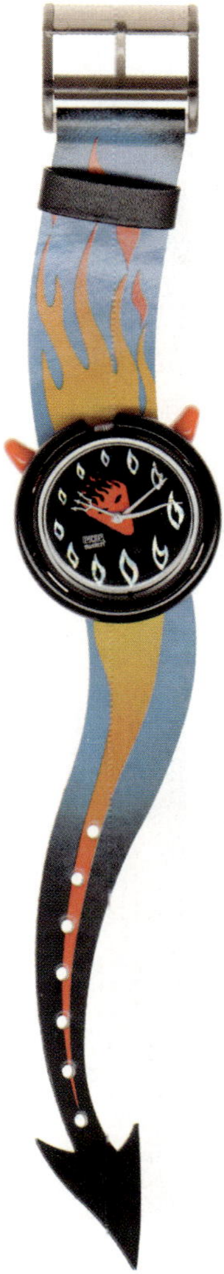

PME 103

	DM	SFR	ÖS	US$	GB£	JP¥	LIT
PMO 101 Mille Feuille	120	100	800	70	40	8.000	119.000
PPB 103 Sun in the Pocket	90	70	600	50	30	6.000	89.000
PMB 103 Hot Stuff	110	90	800	60	40	8.000	109.000

1996 - SPRING/SUMMER

Ethnosense

PMB 104

Faces

PMN 105

Short Stories

PMV 100

PMK 111

	DM	SFR	ÖS	US$	GB£	JP¥	LIT
PMB 104 Kishoo	90	70	600	50	30	6.000	89.000
PMN 105 Tappeto	70	55	500	40	20	5.000	69.000
PMV 100 Frambois	70	55	500	40	20	5.000	69.000
PMK 111 Asparagus	70	55	500	40	20	5.000	69.000

SPRING/SUMMER - 1996

Short Stories

PMK 112

PMK 113

PPN 100

PUB 100

	DM	SFR	ÖS	US$	GB£	JP¥	LIT
PMK 112 Fleurs D'Été	70	55	500	40	20	5.000	69.000
PMK 113 Bathing Beauty	70	55	500	40	20	5.000	69.000
PPN 100 Enchainé	70	55	500	40	20	5.000	69.000
PUB 100 Nightstar	90	70	600	50	30	6.000	89.000

1996 - SPRING/SUMMER

Faces

Asphalt

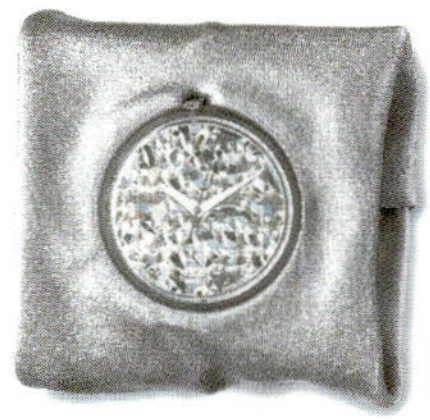

Sparkles

PUK 100

PUN 100

PPK 103

PMK 114

	DM	SFR	ÖS	US$	GB£	JP¥	LIT
PUK 100 Sveglia	90	70	600	50	30	6.000	89.000
PUN 100 One World	70	55	500	40	20	5.000	69.000
PPK 103 See U	90	70	600	50	30	6.000	89.000
PMK 114 Shine	70	55	500	40	20	5.000	69.000

FALL/WINTER - 1996

Primaries

PUK 101 PMB 106 PMB 107 PMB 105

	DM	SFR	ÖS	US$	GB£	JP¥	LIT
PUK 101 Light Spyral	90	70	600	50	30	6.000	89.000
PMB 106 Flex	70	55	500	40	20	5.000	69.000
PMB 107 Stretch	70	55	500	40	20	5.000	69.000
PMB 105 Victorian Knot	70	55	500	40	20	5.000	69.000

1996 - FALL/WINTER

PMK 115

The Classics

PMK 116

Rising Sun

PUR 100

Information Landscape

PUB 101

	DM	SFR	ÖS	US$	GB£	JP¥	LIT
PMK 115 Doggy Bag	70	55	500	40	20	5.000	69.000
PMK 116 Grey Pearl	70	55	500	40	20	5.000	69.000
PUR 100 Sayonara	90	70	600	50	30	6.000	89.000
PUB 101 CD Rack	90	70	600	50	30	6.000	89.000

Movimento

PMB 110

Promises

PMK 117

Exotica

PMG 102

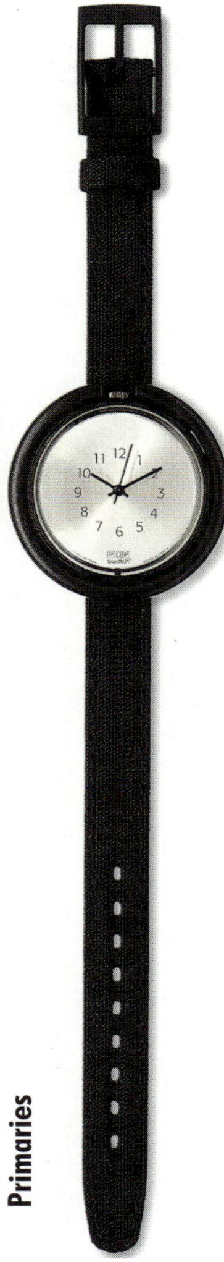

Primaries

PMB 109

	DM	SFR	ÖS	US$	GB£	JP¥	LIT
PMB 110 Coffee	70	55	500	40	20	5.000	69.000
PMK 117 Cuff	70	55	500	40	20	5.000	69.000
PMG 102 Butterfly	70	55	500	40	20	5.000	69.000
PMB 109 Skinny	70	55	500	40	20	5.000	69.00

1997 - SPRING/SUMMER

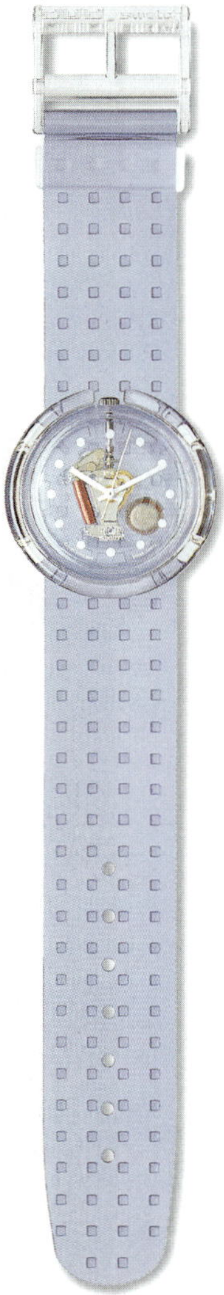

PMV 101

PUK 102

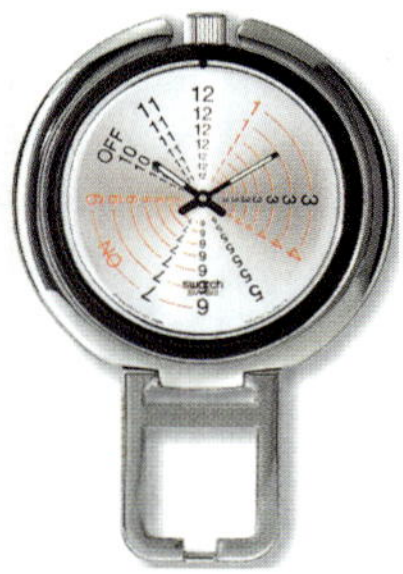

PUB 102

Ultraqua

PUK 103

	DM	SFR	ÖS	US$	GB£	JP¥	LIT
PMV 101 Janet	70	55	500	40	20	5.000	69.000
....	100	80	700	60	40	7.000	99.000
....	90	70	600	50	30	6.000	89.000
....	100	80	700	60	40	7.000	99.000

FALL/WINTER - 1997

The Classics

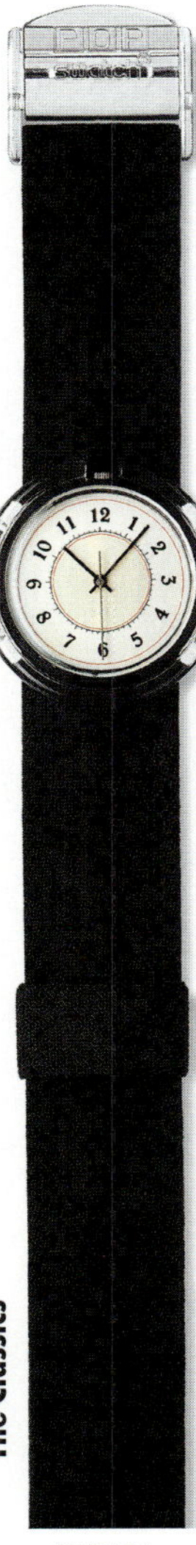

PMB 111

9 Months

PMI 100

PMK 119

	DM	SFR	ÖS	US$	GB£	JP¥	LIT
PMB 111 Leggenda	70	55	500	40	20	5.000	69.000
PMI 100 Super Baby	70	55	500	40	20	5.000	69.000
PMK 119 Foulard	70	55	500	40	20	5.000	69.000

1997 - FALL/WINTER

PMK 118

PMB 112

PMN 106

	DM	SFR	ÖS	US$	GB£	JP¥	LIT
PMK 118 Troubled Water	70	55	500	40	20	5.000	69.000
PMB 112 Missing Nails	70	55	500	40	20	5.000	69.000
PMN 106 Matelot	70	55	500	40	20	5.000	69.000

40 Minutes

PUJ 101 PUJ 100 PUK 104

	DM	SFR	ÖS	US$	GB£	JP¥	LIT
PUJ 101 Flower Power	90	70	600	50	30	6.000	89.000
PUJ 100 Digitour	90	70	600	50	30	6.000	89.000
PUK 104 Travel Kit	90	70	600	50	30	6.000	89.000

1988/97 - POP-SWATCH-SPECIAL

POP-SWATCH-SPECIAL

Christmas - 1988

BB 106

	DM	SFR	ÖS	US$	GB£	JP¥	LIT
BB 106 Pop Diva (9.999)	1.500	1.250	10.500	870	530	105.000	1.482.000

Haute Couture - 1989

PWBW 104

PWBB 142

	DM	SFR	ÖS	US$	GB£	JP¥	LIT
PWBW 104 Blanc de Blanc (14.999)	290	240	2.000	170	100	20.000	287.000
PWBB 142 Coco Noir (14.999)	290	240	2.000	170	100	20.000	287.000

POP-SWATCH-SPECIAL - 1988/97

Christmas - 1990

PWB 151

Christmas - 1991

PWK 153

	DM	SFR	ÖS	US$	GB£	JP¥	LIT
PWB 151 Encantador (9.999)	450	370	3.200	260	160	31.000	445.000
PWK 153 Bottone (14.999)	320	270	2.200	190	110	22.000	316.000

En Vogue - 1992

PWZ 103

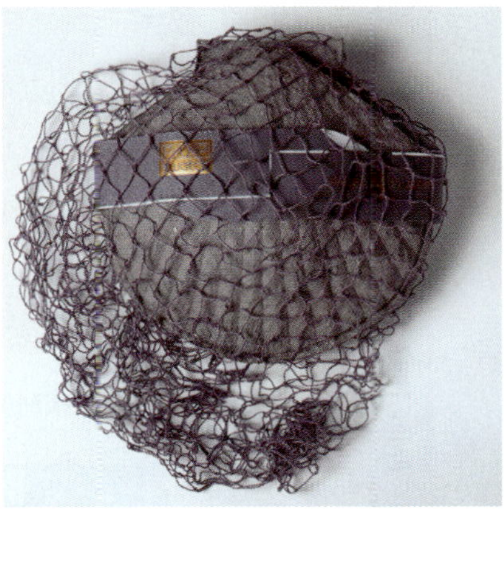

Seaside Dream - 1993

PWZ 106

	DM	SFR	ÖS	US$	GB£	JP¥	LIT
PWZ 103 Veruschka	160	130	1.100	90	60	11.000	158.000
PWZ 106 Soupe de Poisson	130	110	900	80	50	9.000	128.000

POP-SWATCH-SPECIAL - 1988/97

Summer Special - 1994

Fall - 1997

PMZ 105

PWZ 108

	DM	SFR	ÖS	US$	GB£	JP¥	LIT
PWZ 108 Leaf (33.333)	190	160	1.300	110	70	13.000	188.000
PMZ 105 Feathers (20.000)	300	250	2.100	170	110	21.000	296.000

One more Time by Alfred Hofkunst - 1991

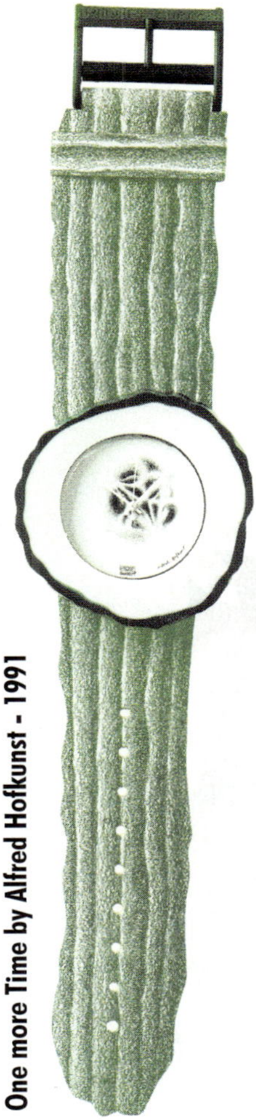

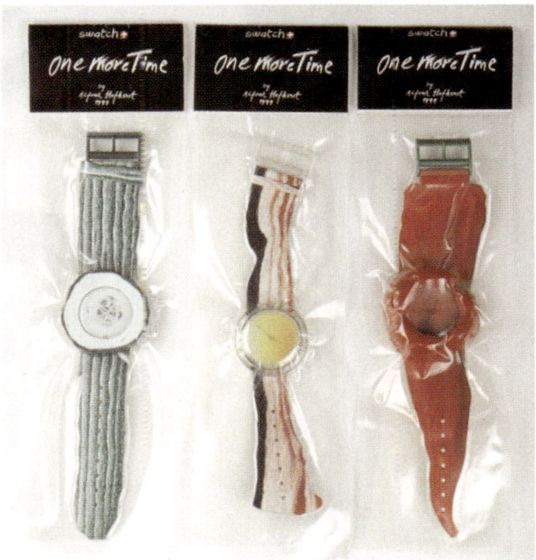

PWZ 100

PWZ 101

	DM	SFR	ÖS	US$	GB£	JP¥	LIT
PWZ 100 Gu(h)rke (9.999)	440	370	3.100	260	160	31.000	435.000
PWZ 101 Bonju(h)r (9.999)	440	370	3.100	260	160	31.000	435.000

1991/93 - POP-SWATCH-ART

PWZ 102

Vivienne Westwood - 1993

PWZ 105

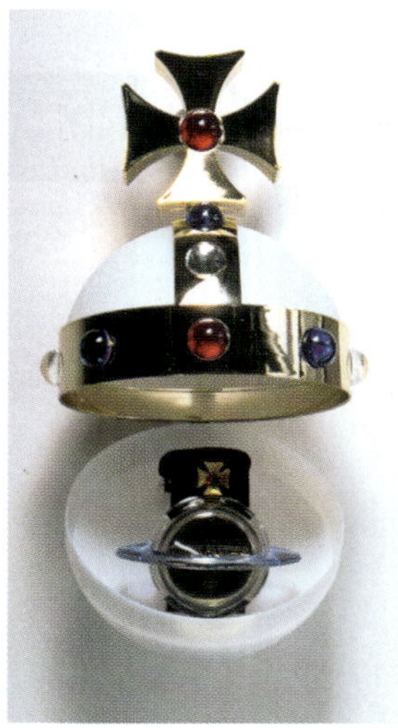

	DM	SFR	ÖS	US$	GB£	JP¥	LIT
PWZ 102 Verdu(h)ra (9.999)	440	370	3.100	260	160	31.000	435.000
PWZ 105 Orb (49.999)	550	460	3.870	320	190	38.380	543.420

SWATCH-CHRONO - 1990

SWATCH-CHRONO

SCN 100 | SCB 104 | SCB 101 | SCB 100

	DM	SFR	ÖS	US$	GB£	JP¥	LIT
SCN 100 Skipper	250	210	1.800	150	90	17.000	247.000
SCB 104 Sand Storm	350	290	2.500	200	120	24.000	346.000
SCB 101 Classic Brown	650	540	4.600	380	230	45.000	642.000
SCB 100 Black Friday	250	210	1.800	150	90	17.000	247.000

1990 - SWATCH-CHRONO

SCB 100 SCB 105 SCN 101 SCW 100

	DM	SFR	ÖS	US$	GB£	JP¥	LIT
SCB 100 Black Friday (Bicolor)	700	580	4.900	410	250	49.000	692.000
SCB 105 Skate Bike	350	290	2.500	200	120	24.000	346.000
SCN 101 Signal Flag	350	290	2.500	200	120	24.000	346.000
SCW 100 White Horses	850	710	6.000	490	300	59.000	840.000

SPRING/SUMMER - 1991

SCJ 100 SCL 100 SCR 100 SCM 100 SCN 102

	DM	SFR	ÖS	US$	GB£	JP¥	LIT
SCJ 100 Neo Wave	130	110	900	80	50	9.000	128.000
SCL 100 Flash Arrow	140	120	1.000	80	50	10.000	138.000
SCR 100 Navy Berry	190	160	1.300	110	70	13.000	188.000
SCM 100 Goldfinger	300	250	2.100	170	110	21.000	296.000
SCN 102 Silver Star	190	160	1.300	110	70	13.000	188.000

1991 - FALL/WINTER

SCB 107

SCB 106

	DM	SFR	ÖS	US$	GB£	JP¥	LIT
SCB 107 Rollerball	200	170	1.400	120	70	14.000	198.000
SCB 106 Wall Street	180	150	1.300	100	60	13.000	178.000

SPRING/SUMMER - 1992

SCB 108 SCN 103 SCJ 101 SCM 101 SCB 109

	DM	SFR	ÖS	US$	GB£	JP¥	LIT
SCB 108 Award	140	120	1.000	80	50	10.000	138.000
SCN 103 JFK	130	110	900	80	50	9.000	128.000
SCJ 101 Grand Prix	130	110	900	80	50	9.000	128.000
SCM 101 Sirio	140	120	1.000	80	50	10.000	138.000
SCB 109 Colossal	130	110	900	80	50	9.000	128.000

1992 - FALL/WINTER

SCN 104

	DM	SFR	ÖS	US$	GB£	JP¥	LIT
SCN 104 Timeless Zone	200	170	1.400	120	70	14.000	198.000

SCM 102 SCL 102 SCK 100 SCB 110 SCK 101

	DM	SFR	ÖS	US$	GB£	JP¥	LIT
SCM 102 Jet Lag	150	120	1.100	90	50	10.000	148.000
SCL 102 Sound	140	120	1.000	80	50	10.000	138.000
SCK 100 Wild Card	140	120	1.000	80	50	10.000	138.000
SCB 110 Moon Shadow	140	120	1.000	80	50	10.000	138.000
SCK 101 Blue Chip	140	120	1.000	80	50	10.000	138.000

1993 - SPRING/SUMMER

SCG 100/1

SCK 104 SCN 107 SCL 103 SCK 102

	DM	SFR	ÖS	US$	GB£	JP¥	LIT
SCG 100/1 Golden Globe	230	190	1.600	130	80	16.000	227.000
SCK 104 Jelly Stag	130	110	900	80	50	9.000	128.000
SCN 107 Honeytree	140	120	1.000	80	50	10.000	138.000
SCL 103 Pinksprings	140	120	1.000	80	50	10.000	138.000
SCK 102 Riding Star	140	120	1.000	80	50	10.000	138.000

SCB 111 SCV 100 SCK 103 SCN 105/6

	DM	SFR	ÖS	US$	GB£	JP¥	LIT
SCB 111 Lodge	190	160	1.300	110	70	13.000	188.000
SCV 100 Greentic	130	110	900	80	50	9.000	128.000
SCK 103 Windmill	130	110	900	80	50	9.000	128.000
SCN 105/6 Alabama	140	120	1.000	80	50	10.000	138.000

1994 - SPRING/SUMMER

SCG 104 SCN 109 SCN 108 SCG 102/3 SCM 401

	DM	SFR	ÖS	US$	GB£	JP¥	LIT
SCG 104 Hitch Hiker	180	150	1.300	100	60	13.000	178.000
SCN 109 Fury	170	140	1.200	100	60	12.000	168.000
SCN 108 Performance	160	130	1.100	90	60	11.000	158.000
SCG 102/3 Inspyral	190	160	1.300	110	70	13.000	188.000
SCM 401 Atz Eco	190	160	1.300	110	70	13.000	188.000

SPRING/SUMMER - 1994

SCK 400 SCN 112 SCK 105 SCK 106 SCN 110/1

	DM	SFR	ÖS	US$	GB£	JP¥	LIT
SCK 400 Whipped Cream	190	160	1.300	110	70	13.000	188.000
SCN 112 Echodeco	150	120	1.100	90	50	10.000	148.000
SCK 105 Fumo Di Londra	130	110	900	80	50	9.000	128.000
SCK 106 Lemon Breeze	150	120	1.100	90	50	10.000	148.000
SCN 110/1 Power Steel	150	120	1.100	90	50	10.000	148.000

1994 - FALL/WINTER

SCK 401 SCK 107 SCM 106/7 SCN 401 SCB 112

	DM	SFR	ÖS	US$	GB£	JP¥	LIT
SCK 401 Croccante	160	130	1.100	90	60	11.000	158.000
SCK 107 Ocean Breeze	140	120	1.000	80	50	10.000	138.000
SCM 106/7 Pleasure Dome	160	130	1.100	90	60	11.000	158.000
SCN 401 Pearl Frame	140	120	1.000	80	50	10.000	138.000
SCB 112 Miobiao	140	120	1.000	80	50	10.000	138.000

SCG 105 SCM 104/5 SCG 401 SCO 100

	DM	SFR	ÖS	US$	GB£	JP¥	LIT
SCG 105 Tyrone	130	110	900	80	50	9.000	128.000
SCM 104/5 Volupté	160	130	1.100	90	60	11.000	158.000
SCG 401 Mimetica	130	110	900	80	50	9.000	128.000
SCO 100 Dancing Feathers	130	110	900	80	50	9.000	128.000

1995 - SPRING/SUMMER

SCK 108 | SCN 116 | SCN 114/5 | SCN 402/3 | SCK 402

	DM	SFR	ÖS	US$	GB£	JP¥	LIT
SCK 108 Blue Horizon	170	140	1.200	100	60	12.000	168.000
SCN 116 The Top Brass	130	110	900	80	50	9.000	128.000
SCN 114/5 La Reine Prochaine	130	110	900	80	50	9.000	128.000
SCN 402/3 Moon Date	170	140	1.200	100	60	12.000	168.000
SCK 402 Sea Port	130	110	900	80	50	9.000	128.000

SPRING/SUMMER - 1995

SCJ 400 SCB 113 SCF 100 SCM 402 SCB 114

	DM	SFR	ÖS	US$	GB£	JP¥	LIT
SCJ 400 Clocher	130	110	900	80	50	9.000	128.000
SCB 113 Count	140	120	1.000	80	50	10.000	138.000
SCF 100 Romain	140	120	1.000	80	50	10.000	138.000
SCM 402 Ice Cube	140	120	1.000	80	50	10.000	138.000
SCB 114 Pure Black	160	130	1.100	90	60	11.000	158.000

1995 - FALL/WINTER

Black or White

SCB 116

Russian Inspirations

SCG 107

Velvet Sensations

SCK 405

Highland Stories

SCG 106

Short Stories

SCM 108

	DM	SFR	ÖS	US$	GB£	JP¥	LIT
SCB 116 Chess	140	120	1.000	80	50	10.000	138.000
SCG 107 Russian Treasury	130	110	900	80	50	9.000	128.000
SCK 405 Sa Majesté Velours	160	130	1.100	90	60	11.000	158.000
SCG 106 Hole in One	140	120	1.000	80	50	10.000	138.000
SCM 108 Sweet Delight	140	120	1.000	80	50	10.000	138.000

FALL/WINTER - 1995

SCK 404 SCM 109/10 SCK 403

	DM	SFR	ÖS	US$	GB£	JP¥	LIT
SCK 404 Blue Function	160	130	1.100	90	60	11.000	158.000
SCM 109/10 Steelworker	160	130	1.100	90	60	11.000	158.000
SCK 403 Clerk	140	120	1.000	80	50	10.000	138.000

1996 - SPRING/SUMMER

Ethnosense — Breakfast — Short Stories

SCG 108 | SCK 110 | SCN 404 | SCG 109 | SCK 109

	DM	SFR	ÖS	US$	GB£	JP¥	LIT
SCG 108 Papiro	130	100	900	80	50	9.000	128.000
SCK 110 See Through	140	110	1.000	80	50	10.000	138.000
SCN 404 Coolpack	130	100	900	80	50	9.000	128.000
SCG 109 Archimede	130	100	900	80	50	9.000	128.000
SCK 109 Business Class	170	150	1.200	100	60	12.000	168.000

SPRING/SUMMER - 1996

SCM 403

SCM 112 A/B

Rising Sun

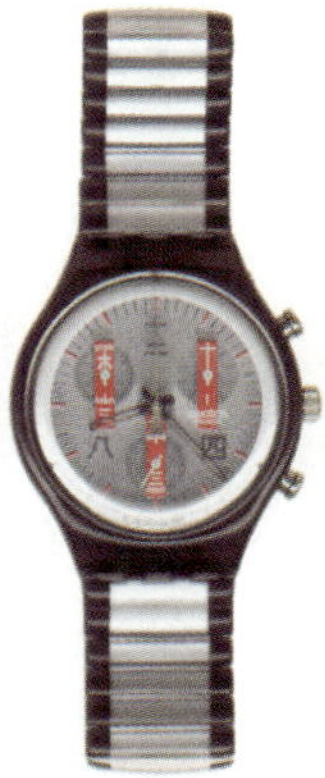

SCM 113 A/B

Primaries

SCN 117

SCN 118

	DM	SFR	ÖS	US$	GB£	JP¥	LIT
SCM 403 Rallye	140	110	1.000	80	50	10.000	138.000
SCM 112 A/B Specchio	150	120	1.100	90	50	10.000	148.000
SCM 113 A/B Redbanner	130	100	900	80	50	9.000	128.000
SCN 117 Le Bleu	130	100	900	80	50	9.000	128.000
SCN 118 Smokey	130	100	900	80	50	9.000	128.000

1996 - FALL/WINTER

SCR 101

SCK 407 A/B

The Classics

SCK 111

Asphalt Group

SCK 408

	DM	SFR	ÖS	US$	GB£	JP¥	LIT
SCR 101 La Rouge	130	100	900	80	50	9.000	128.000
SCK 407 A/B Shiny Start	150	120	1.100	90	50	10.000	148.000
SCK 111 Lavagna	130	100	900	80	50	9.000	128.000
SCK 408 Slow Down	130	100	900	80	50	9.000	128.000

SPRING/SUMMER - 1997

SCB 117 | SCK 409 | SCK 112 | SCK 410 A/B | SCN 119

	DM	SFR	ÖS	US$	GB£	JP¥	LIT
SCB 117 Excentric	130	100	900	80	50	9.000	128.000
SCK 409 Time Dimension	140	110	1.000	80	50	10.000	138.000
SCK 112 Time to Call	130	100	900	80	50	9.000	128.000
SCK 410 A/B Virtual Green	150	120	1.100	90	50	10.000	148.000
SCN 119 Deep	150	120	1.100	90	50	10.000	148.000

FALL/WINTER - 1997

SCM 404 SCB 400 SCM 405 SCK 113

	DM	SFR	ÖS	US$	GB£	JP¥	LIT
SCM 404 Liquorice	130	100	900	80	50	9.000	128.000
SCB 400 Skyscraping	130	100	900	80	50	9.000	128.000
SCM 405 Bois Sauvage	130	100	900	80	50	9.000	128.000
SCK 113 Speed Counters	130	100	900	80	50	9.000	128.000

SCB 119 A/3 SCK 411 A/B SCR 400 A/B

	DM	SFR	ÖS	US$	GB£	JP¥	LIT
SCB 119 A/B Metal Edge	130	100	900	80	50	9.000	128.000
SCK 411 A/B Glowing Ice	130	100	900	80	50	9.000	128.000
SCR 400 A/B Brownbrushed	130	100	900	80	50	9.000	128.000

1994/97 - CHRONO-SPECIAL

CHRONO-SPECIAL

1994

1995

SCZ 101

SCZ 103

	DM	SFR	ÖS	US$	GB£	JP¥	LIT
SCZ 101 IOC 100	160	130	1.100	90	60	11.000	158.000
SCZ 103 UNlimited	160	130	1.100	90	60	11.000	158.000

Michael Johnson - 1997

SCZ 400

	DM	SFR	ÖS	US$	GB£	JP¥	LIT
SCZ 400 Gold Medal	130	100	900	80	50	9.000	128.000

1990 - SWATCH-SCUBA 200

SWATCH-SCUBA 200

SDK 101 SDB 100 SDB 100 SDK 100

	DM	SFR	ÖS	US$	GB£	JP¥	LIT
SDK 101 Merou	380	320	2.700	220	130	27.000	375.000
SDB 100 Barrier Reef	140	120	1.000	80	50	10.000	138.000
SDB 100 Barrier Reef (1. US-Version)	900	750	6.300	520	320	63.000	889.000
SDK 100 Deep Blue	240	200	1.700	140	80	17.000	237.000

SWATCH-SCUBA 200 - 1990

SDK 100 | SDN 400 | SDN 400 | SDK 102 | SDK 103

	DM	SFR	ÖS	US$	GB£	JP¥	LIT
SDK 100 Deep Blue (1. US-Version)	260	220	1.800	150	90	18.000	257.000
SDN 400 Bora Bora	360	300	2.500	210	130	25.000	356.000
SDN 400 Bora Bora (1. US-Version)	400	330	2.800	230	140	28.000	395.000
SDK 102 Medusa	150	120	1.100	90	50	10.000	148.000
SDK 103 Hyppocampus	140	120	1.000	80	50	10.000	138.000

1991 - SWATCH-SCUBA 200

SDN 101

SDN 101

SDN 100

	DM	SFR	ÖS	US$	GB£	JP¥	LIT
SDN 101 Happy Fish	220	180	1.500	130	80	15.000	217.000
SDN 101 Happy Fish (1. US-Version)	500	420	3.500	290	180	35.000	494.000
SDN 100 Blue Moon	150	120	1.100	90	50	10.000	148.000

SPRING/SUMMER - 1992

SDK 104 SDJ 100 SDB 102 SDK 105 SDB 101

	DM	SFR	ÖS	US$	GB£	JP¥	LIT
SDK 104 Jelly Bubbles	140	120	1.000	80	50	10.000	138.000
SDJ 100 Coming Tide	130	110	900	80	50	9.000	128.000
SDB 102 Shamu / Black Wave	120	100	800	70	40	8.000	119.000
SDK 105 Sea Grapes	130	110	900	80	50	9.000	128.000
SDB 101 Captain Nemo	150	120	1.100	90	50	10.000	148.000

1992 - FALL/WINTER

SDN 102 SDK 106 SDN 103

	DM	SFR	ÖS	US$	GB£	JP¥	LIT
SDN 102 Divine	200	170	1.400	120	70	14.000	198.000
SDK 106 Red Island	130	110	900	80	50	9.000	128.000
SDN 103 Spray-Up	80	70	600	50	30	6.000	79.000

SPRING/SUMMER - 1993

SDJ 101 | SDN 104 | SDN 105 | SDK 107 | SDN 106

	DM	SFR	ÖS	US$	GB£	JP¥	LIT
SDJ 101 Bay-Breeze	100	80	700	60	40	7.000	99.000
SDN 104 Rowing	100	80	700	60	40	7.000	99.000
SDN 105 Over the Wave	100	80	700	60	40	7.000	99.000
SDK 107 Blue Ice	130	110	900	80	50	9.000	128.000
SDN 106 Bermuda Triangle	150	120	1.100	90	50	10.000	148.000

1993 - SPRING/SUMMER

SDK 110 SDK 108/9 SDG 102/3 SDG 100 SDG 101

	DM	SFR	ÖS	US$	GB£	JP¥	LIT
SDK 110 Tech Diving	110	90	800	60	40	8.000	109.000
SDK 108/9 Mint Drops	110	90	800	60	40	8.000	109.000
SDG 102/3 Cherry Drops	160	130	1.100	90	60	11.000	158.000
SDG 100 Sailor's Joy	110	90	800	60	40	8.000	109.000
SDG 101 Swordfish	110	90	800	60	40	8.000	109.000

FALL/WINTER - 1993

SDK 112

SDK 111

SDN 107

SDB 103

	DM	SFR	ÖS	US$	GB£	JP¥	LIT
SDK 112 Golden Island	140	120	1.000	80	50	10.000	138.000
SDK 111 Tipping Compass	120	100	800	70	40	8.000	119.000
SDN 107 Silver Trace	110	90	800	60	40	8.000	109.000
SDB 103 Bombola	100	80	700	60	40	7.000	99.000

1994 - SPRING/SUMMER

SDN 109 SDK 113 SDN 108 SDK 114/5 SDK 116/7

	DM	SFR	ÖS	US$	GB£	JP¥	LIT
SDN 109 En Vague	160	130	1.100	90	60	11.000	158.000
SDK 113 Lunaire	200	170	1.400	120	70	14.000	198.000
SDN 108 Sea Floor	120	100	800	70	40	8.000	119.000
SDK 114/5 Red Marine	130	110	900	80	50	9.000	128.000
SDK 116/7 Spark Vessel	170	140	1.200	100	60	12.000	168.000

SPRING/SUMMER - 1994

SDM 100/1 SDM 102 SDV 101 SDN 110 SDK 119

	DM	SFR	ÖS	US$	GB£	JP¥	LIT
SDM 100/1 Black Gondola	130	110	900	80	50	9.000	128.000
SDM 102 Morgan	110	90	800	60	40	8.000	109.000
SDV 101 Color Wheel	110	90	800	60	40	8.000	109.000
SDN 110 Pacific Beach	190	160	1.300	110	70	13.000	188.000
SDK 119 Seahorse	120	100	800	70	40	8.000	119.000

1994 - FALL/WINTER

SDG 104 SDO 100 SDM 103 SDN 114/5 SDN 112/3

	DM	SFR	ÖS	US$	GB£	JP¥	LIT
SDG 104 Beach Virgin	90	70	600	50	30	6.000	89.000
SDO 100 Seaclip	120	100	800	70	40	8.000	119.000
SDM 103 Starflash	110	90	800	60	40	8.000	109.000
SDN 114/5 Underpressure	120	100	800	70	40	8.000	119.000
SDN 112/3 Decompression	130	110	900	80	50	9.000	128.000

SDK 118

SDB 104

SDG 105

	DM	SFR	ÖS	US$	GB£	JP¥	LIT
SDK 118 Pearlshell	160	130	1.100	90	60	11.000	158.000
SDB 104 Squiggly	120	100	800	70	40	8.000	119.000
SDG 105 Ship of Glory	100	80	700	60	40	7.000	99.000

1995 - SPRING/SUMMER

SDG 106 SDN 111 SDN 118 SDK 120 SDS 100

	DM	SFR	ÖS	US$	GB£	JP¥	LIT
SDG 106 Südpol	120	100	800	70	40	8.000	119.000
SDN 111 Goldfish	140	120	1.000	80	50	10.000	138.000
SDN 118 Lobster	140	120	1.000	80	50	10.000	138.000
SDK 120 Anguilla	140	120	1.000	80	50	10.000	138.000
SDS 100 Ice Party	150	120	1.100	90	50	10.000	148.000

SDK 123 | SDN 116/7 | SDB 105 | SDK 902 | SDK 900/1

	DM	SFR	ÖS	US$	GB£	JP¥	LIT
SDK 123 Waterdrop	130	110	900	80	50	9.000	128.000
SDN 116/7 Abyss	220	180	1.500	130	80	15.000	217.000
SDB 105 Black Shark	120	100	800	70	40	8.000	119.000
SDK 902 Mind the Shark	210	170	1.500	120	70	15.000	207.000
SDK 900/1 Seetang	190	160	1.300	110	70	13.000	188.000

1995 - SPRING/SUMMER

Russian Inspirations

The Big Cold

Short Stories

SDK 906 SDM 105 SDK 904/5 SDK 124 SDB 106/7

	DM	SFR	ÖS	US$	GB£	JP¥	LIT
SDK 906 Seetang (US-Version)	180	150	1.300	100	60	13.000	178.000
SDM 105 Tovarisch	100	80	700	60	40	7.000	99.000
SDK 904/5 Klirr	280	230	1.970	160	100	19.540	276.650
SDK 124 Sailor	160	130	1.100	90	60	11.000	158.000
SDB 106/7 Newcomer	160	130	1.100	90	60	11.000	158.000

SDK 903

SDJ 900

The Classics

SDM 106

	DM	SFR	ÖS	US$	GB£	JP¥	LIT
SDK 903 Flitter Glow	130	110	900	80	50	9.000	128.000
SDJ 900 Fluoscope	130	110	900	80	50	9.000	128.000
SDM 106 Nightlife	120	100	800	70	40	8.000	119.000

1996 - SPRING/SUMMER

The Invisibles

Tech is Cool

Faces

Short Stories

SDK 908 SDK 907 SDJ 102 SDK 126 SDN 900

	DM	SFR	ÖS	US$	GB£	JP¥	LIT
SDK 908 Frullato	120	90	800	70	40	8.000	119.000
SDK 907 Walk on	130	100	900	80	50	9.000	128.000
SDJ 102 Poulpe	90	70	600	50	30	6.000	89.000
SDK 126 Crème de la Crème	170	150	1.200	100	60	12.000	168.000
SDN 900 Pink Pleasure	140	110	1.000	80	50	10.000	138.000

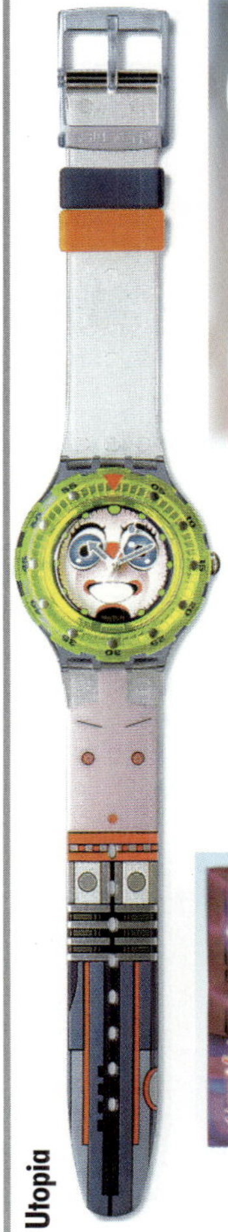

Utopia

Club Special

SDN 120

Rising Sun

SDB 108

Primaries

SDG 108

	DM	SFR	ÖS	US$	GB£	JP¥	LIT
SDN 120 Stripp	90	70	600	50	30	6.000	89.000
SDB 108 Lacquerwear	100	80	700	60	40	7.000	99.000
SDG 108 Tree Top	100	80	700	60	40	7.000	99.000

1996 - FALL/WINTER

SDR 100 SDG 900 SDK 127 SDN 902 SDK 910

	DM	SFR	ÖS	US$	GB£	JP¥	LIT
SDR 100 Red Wood	100	80	700	60	40	7.000	99.000
SDG 900 Tsunami	110	80	800	60	40	8.000	109.000
SDK 127 Smile	90	70	600	50	30	6.000	89.000
SDN 902 Sea Spell	130	100	900	80	50	9.000	128.000
SDK 910 Perla Nera	130	100	900	80	50	9.000	128.000

Movimento

SDB 109

Exotica

SDJ 901

Ultraqua

SDL 100

SDK 129 A/B

SDM 900

	DM	SFR	ÖS	US$	GB£	JP¥	LIT
SDB 109 Washed Out	90	70	600	50	30	6.000	89.000
SDJ 901 Luminosa	140	110	1.000	80	50	10.000	138.000
SDL 100 Altamarea	100	80	700	60	40	7.000	99.000
SDK 129 A/B King of Tides	120	90	800	70	40	8.000	119.000
SDM 900 Waving	100	80	700	60	40	7.000	99.000

1997 - FALL/WINTER

Primaries

SDN 903

SDL 900

25 Minutes

SDK 130

SDB 111 S/L

SDK 132 A/B

	DM	SFR	ÖS	US$	GB£	JP¥	LIT
SDN 903 Fish Eye	120	90	800	70	40	8.000	119.000
SDL 900 Reef	130	100	900	80	50	9.000	128.000
SDK 130 Orca	90	70	600	50	30	6.000	89.000
SDB 111 S/L Grip it!	90	70	600	50	30	6.000	89.000
SDK 132 A/B Silver Exit	90	70	600	50	30	6.000	89.000

8 Hours and 25 Minutes

SDS 900

SDV 900

SDK 911 A/B

SDK 911 L

	DM	SFR	ÖS	US$	GB£	JP¥	LIT
SDS 900 Skelet-eau	100	80	700	60	40	7.000	99.000
SDV 900 Jungle	100	80	700	60	40	7.000	99.000
SDK 911 A/B Midnight Bath	100	80	700	60	40	7.000	99.000
SDK 911 L Midnight Bath	100	80	700	60	40	7.000	99.000

SCUBA 200 SPECIAL - 1995

SCUBA 200 SPECIAL

1995

SDZ 101

	DM	SFR	ÖS	US$	GB£	JP¥	LIT
SDZ 101 C Monsta (30.000)	260	220	1.800	150	90	18.000	257.000

SWATCH-AQUA-CHRONO

SBG 100 SBN 100 SBB 100

	DM	SFR	ÖS	US$	GB£	JP¥	LIT
SBG 100 Red Harbour	140	120	1.000	80	50	10.000	138.000
SBN 100 Blue Sky	160	130	1.100	90	60	11.000	158.000
SBB 100 Black Rudder	160	130	1.100	90	60	11.000	158.000

1994 - SPRING/SUMMER

SBN 101 SBK 100 SBK 101 SBM 100/1 SBK 102/3

	DM	SFR	ÖS	US$	GB£	JP¥	LIT
SBN 101 Big Blue	150	120	1.100	90	50	10.000	148.000
SBK 100 Silver Moon	140	120	1.000	80	50	10.000	138.000
SBK 101 Sirena	140	120	1.000	80	50	10.000	138.000
SBM 100/1 Waterpower	180	150	1.300	100	60	13.000	178.000
SBK 102/3 Bagnino	180	150	1.300	100	60	13.000	178.000

SBK 104

SBM 102

	DM	SFR	ÖS	US$	GB£	JP¥	LIT
SBK 104 Lillibeth	140	120	1.000	80	50	10.000	138.000
SBM 102 Seppia	150	120	1.100	90	50	10.000	148.000

1995 - SPRING/SUMMER

SBN 102 SEK 104 SBN 103 SEN 100 SBK 105

	DM	SFR	ÖS	US$	GB£	JP¥	LIT
SBN 102 Cool Water	160	130	1.100	90	60	11.000	158.000
SEK 104 Orange Juice	160	130	1.100	90	60	11.000	158.000
SBN 103 Sea & Sun	240	200	1.700	140	80	17.000	237.000
SEN 100 Slamma Jam	240	200	1.700	140	80	17.000	237.000
SBK 105 Overboard	220	180	1.500	130	80	15.000	217.000

SPRING/SUMMER - 1995

The Classics

Black or White

SBK 106/7 SEM 100/1 SEK 103 SBM 103 SEB 100/1

	DM	SFR	ÖS	US$	GB£	JP¥	LIT
SBK 106/7 Point Break	250	210	1.800	150	90	17.000	247.000
SEM 100/1 Golden Rivet	300	250	2.100	170	110	21.000	296.000
SEK 103 American Dream	180	150	1.300	100	60	13.000	178.000
SBM 103 Onda Nera	160	130	1.100	90	60	11.000	158.000
SEB 100/1 Black Jack	170	140	1.200	100	60	12.000	168.000

1995 - FALL/WINTER

The Big Cold

Short Stories

SBB 101 SBK 109 SEL 101 SBL 100 SEK 105

	DM	SFR	ÖS	US$	GB£	JP¥	LIT
SBB 101 Space Chill	150	120	1.100	90	50	10.000	148.000
SBK 109 Happy Landing	160	130	1.100	90	60	11.000	158.000
SEL 101 Game Over	160	130	1.100	90	60	11.000	158.000
SBL 100 Blue Wings	170	140	1.200	100	60	12.000	168.000
SEK 105 Red Sun	160	130	1.100	90	60	11.000	158.000

SEN 101/2

	DM	SFR	ÖS	US$	GB£	JP¥	LIT
SEN 101/2 Commendatore	160	130	1.100	90	60	11.000	158.000

1996 - SPRING/SUMMER

Tech is Cool

SEK 107 A/B

Nat Code

SEG 100

Short Stories

SBN 104

SBN 105

SBN 106

	DM	SFR	ÖS	US$	GB£	JP¥	LIT
SEK 107 A/B Space Trip	170	150	1.200	100	60	12.000	168.000
SEG 100 Sun Garden	150	120	1.100	90	50	10.000	148.000
SBN 104 Waterwhirl	160	120	1.100	90	60	11.000	158.000
SBN 105 Fluo Wave	290	240	2.040	170	100	20.240	286.530
SBN 106 El Leon	170	150	1.200	100	60	12.000	168.000

SPRING/SUMMER - 1996

SEK 106 SBN 107 SBM 104 SBB 102 SBK 111

	DM	SFR	ÖS	US$	GB£	JP¥	LIT
SEK 106 Bleu Royale	220	150	1.500	130	80	15.000	217.000
SBN 107 Yucca	160	120	1.100	90	60	11.000	158.000
SBM 104 Control Panel	150	120	1.100	90	50	10.000	148.000
SBB 102 AC Brown	150	120	1.100	90	50	10.000	148.000
SBK 111 Pool Side	160	120	1.100	90	60	11.000	158.000

1996 - FALL/WINTER

Asphalt Group

SBM 105 A/B   SBK 112   SBB 103

	DM	SFR	ÖS	US$	GB£	JP¥	LIT
SBM 105 A/B Red Snapper	190	150	1.300	110	70	13.000	188.000
SBK 112 Fluosite	220	150	1.500	130	80	15.000	217.000
SBB 103 Truck Driver	150	120	1.100	90	50	10.000	148.000

SBB 104 SBM 107 SBK 113 SBS 100 A/B SBM 106

	DM	SFR	ÖS	US$	GB£	JP¥	LIT
SBB 104 Big Red	150	120	1.100	90	50	10.000	148.000
SBM 107 Silver	160	120	1.100	90	60	11.000	158.000
SBK 113 Cartographic	150	120	1.100	90	50	10.000	148.000
SBS 100 A/B Mareggiata	180	150	1.300	100	60	13.000	178.000
SBM 106 Inky Water	150	120	1.100	90	50	10.000	148.000

FALL/WINTER - 1997

10 Seconds

SBK 114 SBM 108 SBB 400 A/B SBK 117 A/B SBK 401 A/B

	DM	SFR	ÖS	US$	GB£	JP¥	LIT
SBK 114 Assault	150	120	1.100	90	50	10.000	148.000
SBM 108 Rivets	150	120	1.100	90	50	10.000	148.000
SBB 400 A/B Deep Silver	150	120	1.100	90	50	10.000	148.000
SBK 117 A/B Blue Ring	150	120	1.100	90	50	10.000	148.000
SBK 401 A/B Fluo in Water	150	120	1.100	90	50	10.000	148.000

SWATCH-AUTOMATIC - 1991

SWATCH-AUTOMATIC

SAN 100 | SAN 100 | SAM 100 | SAM 100

	DM	SFR	ÖS	US$	GB£	JP¥	LIT
SAN 100 Blue Matic (1. Edition)	180	150	1.300	100	60	13.000	178.000
SAN 100 Blue Matic	140	120	1.000	80	50	10.000	138.000
SAM 100 Rubin (1. Edition)	180	150	1.300	100	60	13.000	178.000
SAM 100 Rubin	120	100	800	70	40	8.000	119.000

1991 - SWATCH-AUTOMATIC

SAB 100

SAB 100

SAB 100

SAK 102

SAB 101

	DM	SFR	ÖS	US$	GB£	JP¥	LIT
SAB 100 Black Motion (1. Edition)	180	150	1.300	100	60	13.000	178.000
SAB 100 Black Motion	140	120	1.000	80	50	10.000	138.000
SAB 100 Black Motion (Zifferblatt/Face)	140	120	1.000	80	50	10.000	138.000
SAK 102 Time To Move	150	120	1.100	90	50	10.000	148.000
SAB 101 Fifth Avenue	130	110	900	80	50	9.000	128.000

SWATCH-AUTOMATIC - 1992

SAK 100 SAK 101

	DM	SFR	ÖS	US$	GB£	JP¥	LIT
SAK 100 Francois 1er	140	120	1.000	80	50	10.000	138.000
SAK 101 Red Ahead	160	130	1.100	90	60	11.000	158.000

1993 - SPRING/SUMMER

SAG 100 SAK 103 SAM 400 SAN 400 SAN 101

	DM	SFR	ÖS	US$	GB£	JP¥	LIT
SAG 100 Gran Via	130	110	900	80	50	9.000	128.000
SAK 103 Montenapoleone	150	120	1.100	90	50	10.000	148.000
SAM 400 Rappongi	140	120	1.000	80	50	10.000	138.000
SAN 400 Brick-Ett	130	110	900	80	50	9.000	128.000
SAN 101 Mappamondo	170	140	1.200	100	60	12.000	168.000

SPRING/SUMMER - 1993

SAK 104

SAK 400

SAK 106

SAN 102

SAK 109

	DM	SFR	ÖS	US$	GB£	JP¥	LIT
SAK 104 Nachtigall	140	120	1.000	80	50	10.000	138.000
SAK 400 Graue Hütte	180	150	1.300	100	60	13.000	178.000
SAK 106 St. Peter's Gate	170	140	1.200	100	60	12.000	168.000
SAN 102 Bäru	130	110	900	80	50	9.000	128.000
SAK 109 Happy Wheels	130	110	900	80	50	9.000	128.000

1993 - FALL/WINTER

Dummy SAK 107/8 SAB 102

	DM	SFR	ÖS	US$	GB£	JP¥	LIT
Dummy Happy Wheels	450	370	3.200	260	160	31.000	445.000
SAK 107/8 Copper Rush	130	110	900	80	50	9.000	128.000
SAB 102 Black Circles	150	120	1.100	90	50	10.000	148.000

SPRING/SUMMER - 1994

SAK 112 | SAM 101/2 | SAG 400 | SAK 111 | SAO 100

	DM	SFR	ÖS	US$	GB£	JP¥	LIT
SAK 112 Eismeer	140	120	1.000	80	50	10.000	138.000
SAM 101/2 Marechal	130	110	900	80	50	9.000	128.000
SAG 400 Avenida	130	110	900	80	50	9.000	128.000
SAK 111 Ramarro	140	120	1.000	80	50	10.000	138.000
SAO 100 Arcimboldo	120	100	800	70	40	8.000	119.000

1994 - SPRING/SUMMER

Dummy | SAN 103 | SAK 110 | SAP 100 | SAN 104

	DM	SFR	ÖS	US$	GB£	JP¥	LIT
Dummy Arcimboldo	190	160	1.300	110	70	13.000	188.000
SAN 103 Abendrot	130	110	900	80	50	9.000	128.000
SAK 110 Ruisseau	170	140	1.200	100	60	12.000	168.000
SAP 100 Girasole	140	120	1.000	80	50	10.000	138.000
SAN 104 Bresse	130	110	900	80	50	9.000	128.000

FALL/WINTER - 1994

SAK 113/4 SAM 401/2 SAN 105 SAM 104 SAM 103

	DM	SFR	ÖS	US$	GB£	JP¥	LIT
SAK 113/4 Serti Misterieux	210	170	1.500	120	70	15.000	207.000
SAM 401/2 Charms	170	140	1.200	100	60	12.000	168.000
SAN 105 Time & Stripes	130	110	900	80	50	9.000	128.000
SAM 104 Silver Baron	130	110	900	80	50	9.000	128.000
SAM 103 Classic Cheddar	130	110	900	80	50	9.000	128.000

1994 - FALL/WINTER

SAK 401

SAG 101

	DM	SFR	ÖS	US$	GB£	JP¥	LIT
SAK 401 Round	170	140	1.200	100	60	12.000	168.000
SAG 101 Grin	130	110	900	80	50	9.000	128.000

SAP 101 SAM 105 SAN 106/7 SAG 401 SAK 117

	DM	SFR	ÖS	US$	GB£	JP¥	LIT
SAP 101 Chardon	200	170	1.400	120	70	14.000	198.000
SAM 105 Pitti	160	130	1.100	90	60	11.000	158.000
SAN 106/7 May Day	130	110	900	80	50	9.000	128.000
SAG 401 Midsommar Sol	130	110	900	80	50	9.000	128.000
SAK 117 Hidden View	130	110	900	80	50	9.000	128.000

1995 - SPRING/SUMMER

SAK 115/6 SAM 106 SAK 118 SAN 108 SAB 103

	DM	SFR	ÖS	US$	GB£	JP¥	LIT
SAK 115/6 Golden Sixties	180	150	1.300	100	60	13.000	178.000
SAM 106 Rugby	140	120	1.000	80	50	10.000	138.000
SAK 118 Eisscholle	140	120	1.000	80	50	10.000	138.000
SAN 108 Roundabout	130	110	900	80	50	9.000	128.000
SAB 103 Blackboard	180	150	1.300	100	60	13.000	178.000

FALL/WINTER - 1995

SAK 122 SAK 120/1 SAP 103 SAJ 100 SAG 402

	DM	SFR	ÖS	US$	GB£	JP¥	LIT
SAK 122 Uzor	130	110	900	80	50	9.000	128.000
SAK 120/1 Magic Tool	160	130	1.100	90	60	11.000	158.000
SAP 103 Mc Killop	130	110	900	80	50	9.000	128.000
SAJ 100 Missing	130	110	900	80	50	9.000	128.000
SAG 402 Milchstrasse	180	150	1.300	100	60	13.000	178.000

1995 - FALL/WINTER

The Classics

SAK 119

SAB 400

	DM	SFR	ÖS	US$	GB£	JP¥	LIT
SAK 119 12 Edges	150	120	1.100	90	50	10.000	148.000
SAB 400 Lapillo	130	110	900	80	50	9.000	128.000

SPRING/SUMMER - 1996

Ethnosense — SAK 123

Tech is Cool — SAN 401

Short Stories — SAG 102, SAK 402, SAM 403

	DM	SFR	ÖS	US$	GB£	JP¥	LIT
SAK 123 Aniak	120	90	800	70	40	8.000	119.000
SAN 401 13th Floor	120	90	800	70	40	8.000	119.000
SAG 102 Alfonso	130	100	900	80	50	9.000	128.000
SAK 402 Terra Cotta	130	100	900	80	50	9.000	128.000
SAM 403 Retrospective	130	100	900	80	50	9.000	128.000

1996 - SPRING/SUMMER

Primaries

Rising Sun

SAF 100 A/B SAB 104 SAB 105 SAM 107 SAG 103

	DM	SFR	ÖS	US$	GB£	JP¥	LIT
SAF 100 A/B Nugget	140	110	1.000	80	50	10.000	138.000
SAB 104 Punching	120	90	800	70	40	8.000	119.000
SAB 105 Imperial Night	130	100	900	80	50	9.000	128.000
SAM 107 Numé-Rotation	120	90	800	70	40	8.000	119.000
SAG 103 Good Fortune	130	100	900	80	50	9.000	128.000

FALL/WINTER - 1996

Sparkles

SAK 126

The Classics

SAK 125

	DM	SFR	ÖS	US$	GB£	JP¥	LIT
SAK 126 Divina	130	100	900	80	50	9.000	128.000
SAK 125 Big Ben	120	90	800	70	40	8.000	119.000

1997 - SPRING/SUMMER

Movimento

SAB 106

Time Jockeys

SAM 404

Space Place

SAK 128 A/B

Time Jockeys

SAK 127

1/1000 Sec.

SAK 130

	DM	SFR	ÖS	US$	GB£	JP¥	LIT
SAB 106 Tarsia	120	100	800	70	40	8.000	119.000
SAM 404 Last Week, Next Week	120	100	800	70	40	8.000	119.000
SAK 128 A/B Virtual Silver	120	100	800	70	40	8.000	119.000
SAK 127 Big Drop	140	110	1.000	80	50	10.000	138.000
SAK 130 Velvet	120	100	800	70	40	8.000	119.000

SAK 129

SAK 131

SAK 132 A/B

SAK 403 A/B

	DM	SFR	ÖS	US$	GB£	JP¥	LIT
SAK 129 Sposa	120	100	800	70	40	8.000	119.000
SAK 131 Circulum	120	100	800	70	40	8.000	119.000
SAK 132 A/B Morning Dew	120	100	800	70	40	8.000	119.000
SAK 403 A/B Gold Box	120	100	800	70	40	8.000	119.000

1993/95 - AUTOMATIC-SPECIAL

AUTOMATIC-SPECIAL

1993

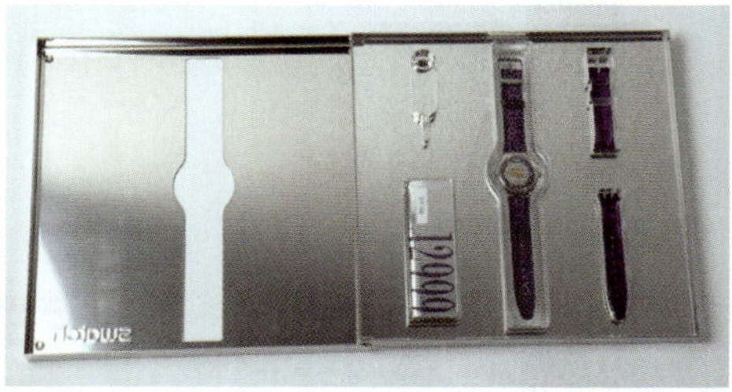

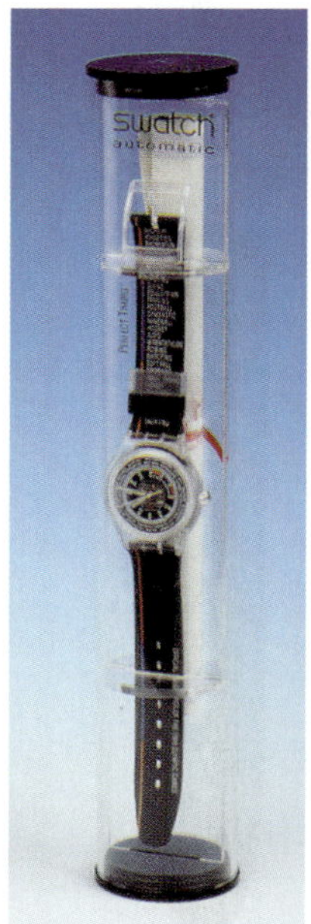

1995

SAZ 101

SAZ 105

	DM	SFR	ÖS	US$	GB£	JP¥	LIT
SAZ 101 Trésor Magique (12.999)	4.000	3.320	28.100	2.320	1.420	279.000	3.952.000
SAZ 105 Perfect Timing (700)	5.350	4.440	37.600	3.100	1.890	373.000	5.286.000

SWATCH-MUSICALL

SLB 101 SLM 101 SLK 100

	DM	SFR	ÖS	US$	GB£	JP¥	LIT
SLB 101 Europe in Concert	150	120	1.100	90	50	10.000	148.000
SLM 101 Spartito	110	90	800	60	40	8.000	109.000
SLK 100 Tone in Blue	130	110	900	80	50	9.000	128.000

1994 - SPRING/SUMMER

SLR 100 SLJ 100 SLM 102 SLJ 101 SLN 100/1

	DM	SFR	ÖS	US$	GB£	JP¥	LIT
SLR 100 Fandango	110	90	800	60	40	8.000	109.000
SLJ 100 Tambour	110	90	800	60	40	8.000	109.000
SLM 102 Sax	140	120	1.000	80	50	10.000	138.000
SLJ 101 Fagotto	140	120	1.000	80	50	10.000	138.000
SLN 100/1 Variation	180	150	1.300	100	60	13.000	178.000

SLK 104 SLF 100 SLK 103 SLG 100/1

	DM	SFR	ÖS	US$	GB£	JP¥	LIT
SLK 104 Boogie Mood	180	150	1.300	100	60	13.000	178.000
SLF 100 Brown Piano	120	100	800	70	40	8.000	119.000
SLK 103 Double Rythm	120	100	800	70	40	8.000	119.000
SLG 100/1 Martingala	150	120	1.100	90	50	10.000	148.000

1995 - SPRING/SUMMER

SLM 103 SLM 104/5 SLG 102 SLN 102/3 SLK 105

	DM	SFR	ÖS	US$	GB£	JP¥	LIT
SLM 103 Ovation	120	100	800	70	40	8.000	119.000
SLM 104/5 Salsa	200	170	1.400	120	70	14.000	198.000
SLG 102 Ring a Bell	120	100	800	70	40	8.000	119.000
SLN 102/3 Black Awake	200	170	1.400	120	70	14.000	198.000
SLK 105 Call up	200	170	1.400	120	70	14.000	198.000

FALL/WINTER - 1995

SLM 106

Highland Stories

SLR 101

Short Stories

SLK 106

SLM 107/8

SLM 109

	DM	SFR	ÖS	US$	GB£	JP¥	LIT
SLM 106 Cantautore	120	100	800	70	40	8.000	119.000
SLR 101 Dudelsack	110	90	800	60	40	8.000	109.000
SLK 106 Funk	150	120	1.100	90	50	10.000	148.000
SLM 107/8 Refrain	120	100	800	70	40	8.000	119.000
SLM 109 Moderato	120	100	800	70	40	8.000	119.000

1996 - SPRING/SUMMER

SLK 107 SLK 108 SLM 110 SLN 104 A/B SLK 109

	DM	SFR	ÖS	US$	GB£	JP¥	LIT
SLK 107 Running Time	140	110	1.000	80	50	10.000	138.000
SLK 108 Funky Town	120	90	800	70	40	8.000	119.000
SLM 110 Jam Session	120	90	800	70	40	8.000	119.000
SLN 104 A/B Take the Rhythm	180	150	1.300	100	60	13.000	178.000
SLK 109 Musica E	120	90	800	70	40	8.000	119.000

Primaries

SLK 110

SLV 100

Asphalt

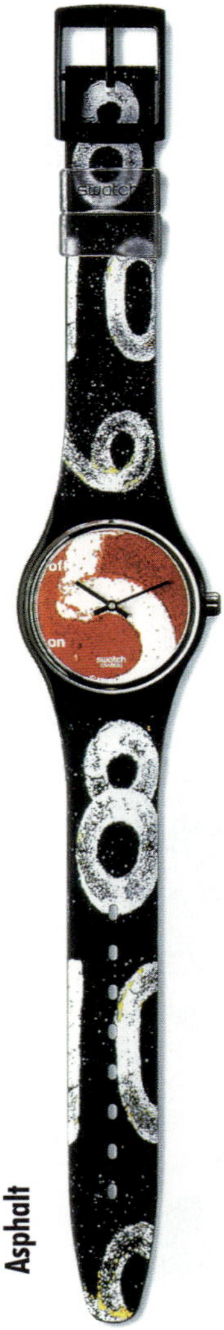

SLN 105

	DM	SFR	ÖS	US$	GB£	JP¥	LIT
SLK 110 Blue Through	130	100	900	80	50	9.000	128.000
SLV 100 Wired	110	80	800	60	40	8.000	109.000
SLN 105 Gimme Five	90	70	600	50	30	6.000	89.000

1997 - SPRING/SUMMER

Time Jockeys

SLK 114

Primaries

SLK 113

SLR 102

	DM	SFR	ÖS	US$	GB£	JP¥	LIT
SLK 114 Time to Cock	100	80	700	60	40	7.000	99.000
SLK 113 Dodecaphonic	90	70	600	50	30	6.000	89.000
SLR 102 Red Rhythm	100	80	700	60	40	7.000	99.000

The Classics

3/4

SLK 112

SLK 115

SLK 116

SLN 106 A/B

	DM	SFR	ÖS	US$	GB£	JP¥	LIT
SLK 112 Classicall	90	70	600	50	30	6.000	89.000
SLK 115 Funk Master	90	70	600	50	30	6.000	89.000
SLK 116 Acoustica	90	70	600	50	30	6.000	89.000
SLN 106 A/B Music Race	90	70	600	50	30	6.000	89.000

1995/97 - MUSICALL-SPECIAL

MUSICALL-SPECIAL

Paolo Mendonça - 1995

SLZ 103

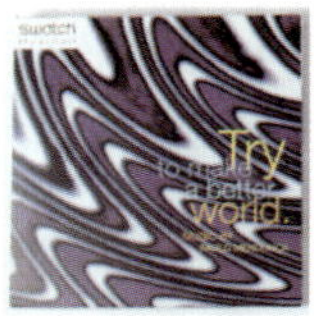

Nam June Paik - 1996

SLZ 104

	DM	SFR	ÖS	US$	GB£	JP¥	LIT
SLZ 103 11 P.M. (15.000)	240	200	1.700	140	80	17.000	237.000
SLZ 104 Zapping (30.000)	240	200	1.700	140	80	17.000	237.000

MUSICALL-SPECIAL - 1995/97

Peter Gabriel - 1997

SLZ 106

Candy Dulfer - 1997

SLZ 107

	DM	SFR	ÖS	US$	GB£	JP¥	LIT
SLZ 106 Adam	140	120	1.000	80	50	10.000	138.000
SLZ 107 Funky Stuff	140	120	1.000	80	50	10.000	138.000

1995 - SPRING/SUMMER

SWATCH-SOLAR-WATCH

SRN 100

SRM 100

SRG 100

Short Stories

SRB 100

	DM	SFR	ÖS	US$	GB£	JP¥	LIT
SRN 100 Happy Blue	130	110	900	80	50	9.000	128.000
SRM 100 Sign of Times	90	70	600	50	30	6.000	89.000
SRG 100 Planetarium	150	120	1.100	90	50	10.000	148.000
SRB 100 Moonshine	100	80	700	60	40	7.000	99.000

FALL/WINTER - 1995

SRJ 100

SRK 101

SRM 101/2

	DM	SFR	ÖS	US$	GB£	JP¥	LIT
SRJ 100 Lots of Sun	130	110	900	80	50	9.000	128.000
SRK 101 Gufo	110	90	800	60	40	8.000	109.000
SRM 101/2 Sunscreen	130	110	900	80	50	9.000	128.000

1996 - SPRING/SUMMER

Tech is Cool

SRM 103 A/B

Nat Code

SRG 101

Short Stories

SRN 101

Utopia

SRK 103

	DM	SFR	ÖS	US$	GB£	JP¥	LIT
SRM 103 A/B Sunscratch	140	120	1.000	80	50	10.000	138.000
SRG 101 Recharge	100	80	700	60	40	7.000	99.000
SRN 101 Fuoco	100	80	700	60	40	7.000	99.000
SRK 103 High Temp	110	90	800	60	40	8.000	109.000

World Tour

SRK 104 C SRK 104 D SRK 104 E SRK 104 F SRK 104

	DM	SFR	ÖS	US$	GB£	JP¥	LIT
SRK 104 C Italy (20.000)	130	110	900	80	50	9.000	128.000
SRK 104 D Germany (20.000)	130	110	900	80	50	9.000	128.000
SRK 104 E USA (20.000)	130	110	900	80	50	9.000	128.000
SRK 104 F France (20.000)	130	110	900	80	50	9.000	128.000
SRK 104 Neuschwanstein (5.000)	140	120	1.000	80	50	10.000	138.000

1991 - PAGER

SWATCH-PAGER

PAT 100 PAT 101 PAT 102 PAT 103

	DM	SFR	ÖS	US$	GB£	JP¥	LIT
PAT 100 Secret Service	300	250	2.100	170	110	21.000	296.000
PAT 101 James Choice	300	250	2.100	170	110	21.000	296.000
PAT 102 Secret Service	300	250	2.100	170	110	21.000	296.000
PAT 103 James Choice	300	250	2.100	170	110	21.000	296.000

TON BEEP UP - 1993

Ton Beep Up

Numerik Beep Up

PAT 111 | PAT 112 | PAT 113 | PAT 114 | PAN 200

	DM	SFR	ÖS	US$	GB£	JP¥	LIT
PAT 111 After Hours	250	210	1.800	150	90	17.000	247.000
PAT 112 Foreign Affair	250	210	1.800	150	90	17.000	247.000
PAT 113 Yellow Ribbon	250	210	1.800	150	90	17.000	247.000
PAT 114 Jushinki	250	210	1.800	150	90	17.000	247.000
PAN 200 Flash Note	250	210	1.800	150	90	17.000	247.000

1993 - NUMERIK BEEP UP

PAN 201 PAN 202 PAN 203 PAN 204

	DM	SFR	ÖS	US$	GB£	JP¥	LIT
PAN 201 Spacing Blue	250	210	1.800	150	90	17.000	247.000
PAN 202 Les Tuileries	250	210	1.800	150	90	17.000	247.000
PAN 203 Moving Times	250	210	1.800	150	90	17.000	247.000
PAN 204 Speaker's Corner	250	210	1.800	150	90	17.000	247.000

PAN 205

PAN 206/7

	DM	SFR	ÖS	US$	GB£	JP¥	LIT
PAN 205 Turn Around	250	210	1.800	150	90	17.000	247.000
PAN 206/7 Inspiral	250	210	1.800	150	90	17.000	247.000

1995 - SCALL

Scall

PAN 209

PAN 210

PAN 211/2

	DM	SFR	ÖS	US$	GB£	JP¥	LIT
PAN 209 Red Banner	250	210	1.800	150	90	17.000	247.000
PAN 210 Golden Wings	250	210	1.800	150	90	17.000	247.000
PAN 211/2 Brillantine	250	210	1.800	150	90	17.000	247.000

ALPHANUMERIK BEEP UP - 1996

Alphanumerik Beep Up

PAL 301

PAL 300

	DM	SFR	ÖS	US$	GB£	JP¥	LIT
PAL 301 Gossip ...	250	210	1.800	150	90	17.000	247.000
PAL 300 Latest News	250	210	1.800	150	90	17.000	247.000

1995 - SPRING/SUMMER

SWATCH-IRONY

YGG 100 YGS 400 YLS 103 YGG 400

	DM	SFR	ÖS	US$	GB£	JP¥	LIT
YGG 100 Renversé	130	110	900	80	50	9.000	128.000
YGS 400 Happy Joe	150	120	1.100	90	50	10.000	148.000
YLS 103 Red Amazon	110	90	800	60	40	8.000	109.000
YGG 400 Handsome Prince	120	100	800	70	40	8.000	119.000

SPRING/SUMMER - 1995

YGG 701 | YLG 101 | YGS 401 | YGS 700 | YGS 103

	DM	SFR	ÖS	US$	GB£	JP¥	LIT
YGG 701 Handsome Prince (Dummy)	750	620	5.300	440	270	52.000	741.000
YLG 101 Sleeping Beauty	120	100	800	70	40	8.000	119.000
YGS 401 Backward	120	100	800	70	40	8.000	119.000
YGS 700 Backward (Dummy)	750	620	5.300	440	270	52.000	741.000
YGS 103 Ocean Storm	130	110	900	80	50	9.000	128.000

1995 - SPRING/SUMMER

YGS 100 YLG 100 YGS 402 YGS 701 YLG 102

	DM	SFR	ÖS	US$	GB£	JP¥	LIT
YGS 100 Red Jack	120	100	800	70	40	8.000	119.000
YLG 100 Greengammon	120	100	800	70	40	8.000	119.000
YGS 402 Crowned Head	120	100	800	70	40	8.000	119.000
YGS 701 Crowned Head (Dummy)	750	620	5.300	440	270	52.000	741.000
YLG 102 Odalisque	150	120	1.100	90	50	10.000	148.000

SPRING/SUMMER - 1995

YLS 101 YGS 406 YGS 702 YGS 104 YGG 102

	DM	SFR	ÖS	US$	GB£	JP¥	LIT
YLS 101 Spieglein	120	100	800	70	40	8.000	119.000
YGS 406 Slate	100	80	700	60	40	7.000	99.000
YGS 702 Slate (Dummy)	750	620	5.300	440	270	52.000	741.000
YGS 104 Collier	100	80	700	60	40	7.000	99.000
YGG 102 Sangue Blu	120	100	800	70	40	8.000	119.000

1995 - FALL/WINTER

YGS 102 YDS 401 YDS 100 YDS 102 A/B YDS 400

	DM	SFR	ÖS	US$	GB£	JP¥	LIT
YGS 102 Nespos	100	80	700	60	40	7.000	99.000
YDS 401 Lava Rock	150	120	1.100	90	50	10.000	148.000
YDS 100 Sealights	150	120	1.100	90	50	10.000	148.000
YDS 102 A/B Beach Rider	170	140	1.200	100	60	12.000	168.000
YDS 400 Sablier	150	120	1.100	90	50	10.000	148.000

YDS 101 A/B

	DM	SFR	ÖS	US$	GB£	JP¥	LIT
YDS 101 A/B Green Coral	180	150	1.300	100	60	13.000	178.000

1996 - SPRING/SUMMER

YGS 1002 YGS 4002 YGS 1001 YGS 4000 YGS 4001

	DM	SFR	ÖS	US$	GB£	JP¥	LIT
YGS 1002 Crew Cut	120	90	800	70	40	8.000	119.000
YGS 4002 Smoking	120	90	800	70	40	8.000	119.000
YGS 1001 Preppie	100	80	700	60	40	7.000	99.000
YGS 4000 Promenade	120	90	800	70	40	8.000	119.000
YGS 4001 Irish Weekend	120	90	800	70	40	8.000	119.000

SPRING/SUMMER - 1996

YLG 1003 YLS 104 A/B YGS 112 A/B YGG 702 YGS 1000

	DM	SFR	ÖS	US$	GB£	JP¥	LIT
YLG 1003 Le Grand Soir	120	90	800	70	40	8.000	119.000
YLS 104 A/B Avalanche	120	90	800	70	40	8.000	119.000
YGS 112 A/B Ghiacciolo	120	90	800	70	40	8.000	119.000
YGG 702 Réserve Spéciale	100	80	700	60	40	7.000	99.000
YGS 1000 Nightflight	100	80	700	60	40	7.000	99.000

1996 - SPRING/SUMMER

YLS 105 YLS 106 YLS 1000 YLS 1001 YLS 1002

	DM	SFR	ÖS	US$	GB£	JP¥	LIT
YLS 105 Piastacchio	140	110	1.000	80	50	10.000	138.000
YLS 106 Mentafredda	140	110	1.000	80	50	10.000	138.000
YLS 1000 Understatement	140	110	1.000	80	50	10.000	138.000
YLS 1001 La Piazza	140	110	1.000	80	50	10.000	138.000
YLS 1002 Magic Mirror	140	110	1.000	80	50	10.000	138.000

SPRING/SUMMER - 1996

YDS 402

YDS 104

YDS 4000

YDS 1000

YCS 101

	DM	SFR	ÖS	US$	GB£	JP¥	LIT
YDS 402 Water Reflex	150	120	1.100	90	50	10.000	148.000
YDS 104 Wind-Jammer	160	120	1.100	90	60	11.000	158.000
YDS 4000 Superblu	180	150	1.300	100	60	13.000	178.000
YDS 1000 Space Ship	160	120	1.100	90	60	11.000	158.000
YCS 101 Vernisage	170	150	1.200	100	60	12.000	168.000

1996 - SPRING/SUMMER

YCS 102 YCS 103 YCS 1000 YCS 1002 YSG 100

	DM	SFR	ÖS	US$	GB£	JP¥	LIT
YCS 102 Seatrip	170	150	1.200	100	60	12.000	168.000
YCS 103 Richesse Intérieure	170	150	1.200	100	60	12.000	168.000
YCS 1000 High Tail	170	150	1.200	100	60	12.000	168.000
YCS 1002 All Over	170	150	1.200	100	60	12.000	168.000
YSG 100 L'Elue	120	90	800	70	40	8.000	119.000

YSG 101 YSS 100 YGS 706 YGS 705 YGS 1003

	DM	SFR	ÖS	US$	GB£	JP¥	LIT
YSG 101 Quartier Latin	120	90	800	70	40	8.000	119.000
YSS 100 Reverence	120	90	800	70	40	8.000	119.000
YGS 706 Blue Road	120	90	800	70	40	8.000	119.000
YGS 705 Roasted Chestnut	120	90	800	70	40	8.000	119.000
YGS 1003 A/B Perfect 12	120	90	800	70	40	8.000	119.000

1996 - FALL/WINTER

YGS 1004 | YCS 400 | YCS 1005 | YCS 1004 | YDS 105

	DM	SFR	ÖS	US$	GB£	JP¥	LIT
YGS 1004 A/B Crazy Alphabet	100	80	700	60	40	7.000	99.000
YCS 400 A/B Rough & Rugged	170	150	1.200	100	60	12.000	168.000
YCS 1005 Time Cut	170	150	1.200	100	60	12.000	168.000
YCS 1004 Mengedenga	170	150	1.200	100	60	12.000	168.000
YDS 105 A/B Green Dip	140	110	1.000	80	50	10.000	138.000

YDS 1004

	DM	SFR	ÖS	US$	GB£	JP¥	LIT
YDS 1004 A/B Big Time	140	110	1.000	80	50	10.000	138.000

1997 - SPRING/SUMMER

YGS 407 A/B YGG 106 YGS 4004 YGS 9000 A/B YLS 109 A/B

	DM	SFR	ÖS	US$	GB£	JP¥	LIT
YGS 407 A/B Black Orobka	100	80	700	60	40	7.000	99.000
YGG 106 Romanico	100	80	700	60	40	7.000	99.000
YGS 4004 Banquise	100	80	700	60	40	7.000	99.000
YGS 9000 A/B Zebah	120	90	800	70	40	8.000	119.000
YLS 109 A/B Tonality	100	80	700	60	40	7.000	99.000

SPRING/SUMMER - 1997

YLS 1004 A/B | YDS 106 | YDS 9000 A/B | YCS 401 | YCS 401 A/B

	DM	SFR	ÖS	US$	GB£	JP¥	LIT
YLS 1004 A/B Contrast	100	80	700	60	40	7.000	99.000
YDS 106 Profondità	130	110	900	80	50	9.000	128.000
YDS 9000 A/B Sea Urchin	130	110	900	80	50	9.000	128.000
YCS 401 Secret Agent	180	150	1.300	100	60	13.000	178.000
YCS 401 A/B Secret Agent	180	150	1.300	100	60	13.000	178.000

1997 - SPRING/SUMMER

YSG 100 B YSS 100 B YSG 101 B YGS 708 YGS 708 A/B

	DM	SFR	ÖS	US$	GB£	JP¥	LIT
YSG 100 B L'Elue	100	80	700	60	40	7.000	99.000
YSS 100 Reverence	100	80	700	60	40	7.000	99.000
YSG 101 Quartier Latin	100	80	700	60	40	7.000	99.000
YGS 708 Pergamena	120	90	800	70	40	8.000	119.000
YGS 708 A/B Pergamena	120	90	800	70	40	8.000	119.000

FALL/WINTER - 1997

YGS 707 A/B — YGS 7000 A/B — YLS 1005 — YSS 104 B — YDS 107 A/B

	DM	SFR	ÖS	US$	GB£	JP¥	LIT
YGS 707 Sommelier	120	90	800	70	40	8.000	119.000
YGS 7000 A/B Space Rider	120	90	800	70	40	8.000	119.000
YLS 1005 Amplitude	100	80	700	60	40	7.000	99.000
YSS 104 B Density	100	80	700	60	40	7.000	99.000
YDS 107 A/B Camouflage	120	90	800	70	40	8.000	119.000

1997 - FALL/WINTER

YDS 1005 | YCS 402 | YCS 402 A/B | YCS 400 | YCS 1006

	DM	SFR	ÖS	US$	GB£	JP¥	LIT
YGDS 1005 Subversion	120	90	800	70	40	8.000	119.000
YCS 402 Greenalize	170	150	1.200	100	60	12.000	168.000
YCS 402 A/B Greenalize	170	150	1.200	100	60	12.000	168.000
YCS 400 Rough & Rugged	170	150	1.200	100	60	12.000	168.000
YCS 1006 Straight Edge	170	150	1.200	100	60	12.000	168.000

YCS 1006 A/B/C	YAS 100	YAS 100 A/B	YAS 400	YAS 401

	DM	SFR	ÖS	US$	GB£	JP¥	LIT
YCS 1006 A/B/C Straight Edge	170	150	1.200	100	60	12.000	168.000
YAS 100 Body and Soul	180	150	1.300	100	60	13.000	178.000
YAS 100 A/B/C Body and Soul	180	150	1.300	100	60	13.000	178.000
YAS 400 Poisson Rouge	180	150	1.300	100	60	13.000	178.000
YAS 401 Spinnin'	180	150	1.300	100	60	13.000	178.000

1997 - FALL/WINTER

YGS 707 C/D   YGS 407 C/D   YGS 9000 C/D   YCS 402 C/D

	DM	SFR	ÖS	US$	GB£	JP¥	LIT
YGS 707 C/D Sommelier (nur/only USA)	130	110	900	80	50	9.000	128.000
YGS 407 C/D Black Orobka (nur/only USA)	130	110	900	80	50	9.000	128.000
YGS 9000 C/D Zebah (nur/only USA)	130	110	900	80	50	9.000	128.000
YCS 402 C/D Greenalize (nur/only USA)	180	150	1.300	100	60	13.000	178.000

IRONY-SPECIAL

Chronometer - 1996

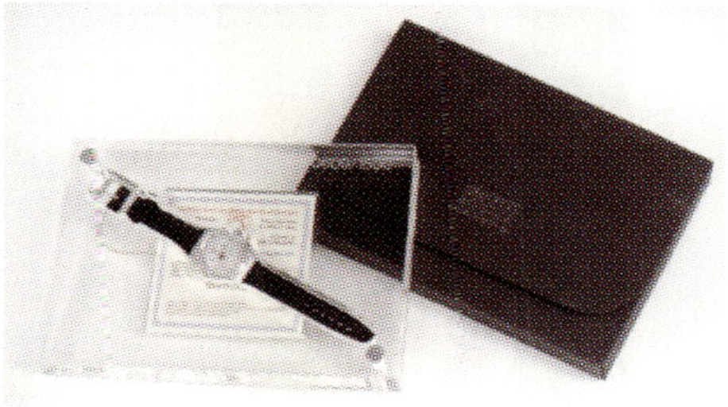

Arnaldo Pomodoro - 1997

YCZ 1000

YGZ 101

	DM	SFR	ÖS	US$	GB£	JP¥	LIT
YCZ 1000 Time Cut (1.500)	1.500	1.250	10.500	870	530	105.000	1.482.000
YGZ 101 Rotor (700)	4.000	3.320	28.100	2.320	1.420	279.000	3.952.000

1992 - FALL/WINTER

STOP-SWATCH

SSK 100 SSB 100

	DM	SFR	ÖS	US$	GB£	JP¥	LIT
SSK 100 Coffeebreak	100	80	700	60	40	7.000	99.000
SSB 100 Jess' Rush	80	70	600	50	30	6.000	79.000

SPRING/SUMMER - 1993

SSK 102 SSB 101 SSK 103 SSK 104 SSK 105

	DM	SFR	ÖS	US$	GB£	JP¥	LIT
SSK 102 Movimento	110	90	800	60	40	8.000	109.000
SSB 101 Nightshift	100	80	700	60	40	7.000	99.000
SSK 103 Orologio	100	80	700	60	40	7.000	99.000
SSK 104 Metal Flash	110	90	800	60	40	8.000	109.000
SSK 105 Andale	110	90	800	60	40	8.000	109.000

1993 - FALL/WINTER

SSM 101

	DM	SFR	ÖS	US$	GB£	JP¥	LIT
SSM 101 Black Deco	110	90	800	60	40	8.000	109.000

SSK 106/7 SSK 108/9 SSN 101 SSM 102 SSK 110/1

	DM	SFR	ÖS	US$	GB£	JP¥	LIT
SSK 106/7 Vitesse	140	120	1.000	80	50	10.000	138.000
SSK 108/9 Rusher	140	120	1.000	80	50	10.000	138.000
SSN 101 Time Cup	120	100	800	70	40	8.000	119.000
SSM 102 Yellow Star	130	110	900	80	50	9.000	128.000
SSK 110/1 Green Speed	140	120	1.000	80	50	10.000	138.000

1994 - FALL/WINTER

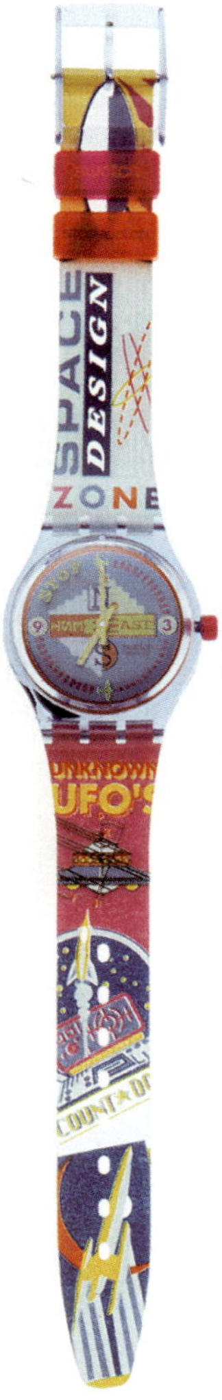

SSN 103

SSN 102

SSN 104/5

	DM	SFR	ÖS	US$	GB£	JP¥	LIT
SSN 103 Esperydes	120	100	800	70	40	8.000	119.000
SSN 102 Très Vite	130	110	900	80	50	9.000	128.000
SSN 104/5 Double Run	150	120	1.100	90	50	10.000	148.000

SPRING/SUMMER - 1996

SWATCH-ACCESS

SKK 101 SKK 100 SKK 102 SKK 103

	DM	SFR	ÖS	US$	GB£	JP¥	LIT
SKK 101 Go Big	100	80	700	60	40	7.000	99.000
SKK 100 Freeride	100	80	700	60	40	7.000	99.000
SKK 102 Direction	80	60	600	50	30	6.000	79.000
SKK 103 Clearance	80	60	600	50	30	6.000	79.000

1996 - FALL/WINTER

SKR 100

	DM	SFR	ÖS	US$	GB£	JP¥	LIT
SKR 100 Drop Out	80	60	600	50	30	6.000	79.000

Access to Salzburg

SKK 104

	DM	SFR	ÖS	US$	GB£	JP¥	LIT
SKK 104 Salzburg	100	80	700	60	40	7.000	99.000

1997 - FALL/WINTER

3 Seconds

SKK 105 SKK 106 SKB 100 SKM 100 A/B SHB 100 S/L

	DM	SFR	ÖS	US$	GB£	JP¥	LIT
SKK 105 Comin' thru	80	70	600	50	30	6.000	79.000
SKK 106 Magic Show	80	70	600	50	30	6.000	79.000
SKB 100 Double Loop	90	70	600	50	30	6.000	89.000
SKM 100 A/B Prospector	80	70	600	50	30	6.000	79.000
SHB 100 S/L Palmer	110	90	800	60	40	8.000	109.000

ACCESS-SPECIAL - 1996/97

ACCESS-SPECIAL

Space - 1996

SKZ 100

Access to the World of Swatch - 1996

SKZ 101

SKZ 102

Cannes - 1997

SKZ 105

	DM	SFR	ÖS	US$	GB£	JP¥	LIT
SKZ 100 Access to Space STS 75 (1.100)	1.200	1.000	8.440	700	420	83.740	1.185.650
SKZ 101 Photograph	1.200	1000	8.440	700	420	83.740	1.185.650
SKZ 102 Journalist	1.200	1000	8.440	700	420	83.740	1.185.650
SKZ 105 The Fifth Element (850)	300	250	2.110	170	110	20.930	296.410

1996/97 - ACCESS-SPECIAL

Juvecentus 100 - 1997

SKZ 106

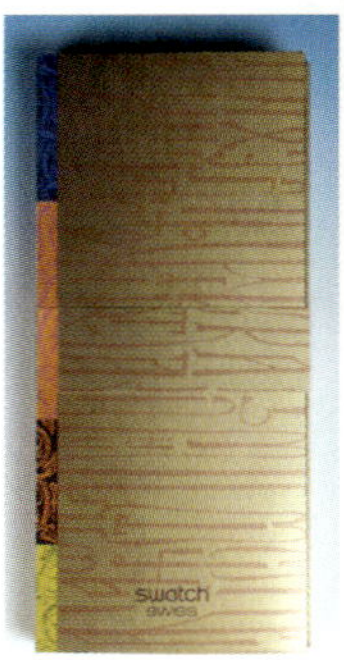

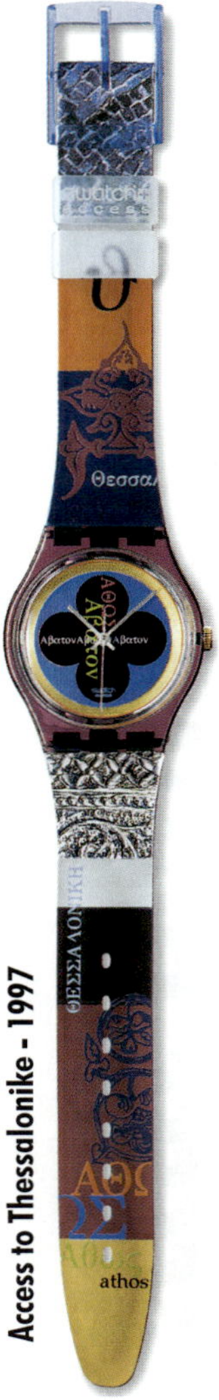

Access to Thessalonike - 1997

SKZ 107

	DM	SFR	ÖS	US$	GB£	JP¥	LIT
SKZ 106 Ora et Signora	100	80	700	60	40	7.000	99.000
SKZ 107 Avaton	130	110	900	80	50	9.000	128.000

ACCESS-SPECIAL - 1996/97

Club MED - 1997

SKZ 108

Cannes - 1997

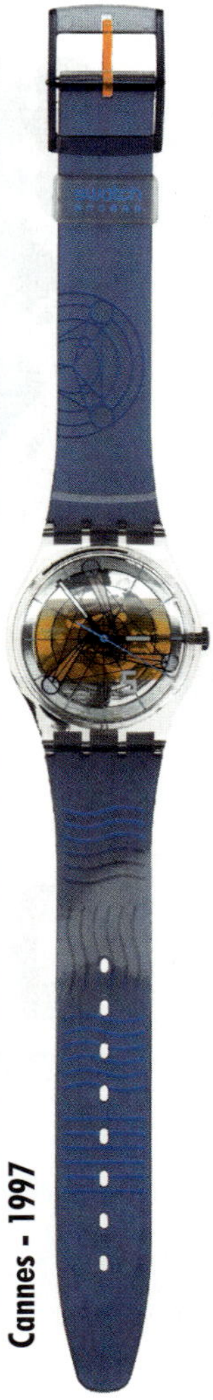

SKZ 111

3-6 September 1997

SKZ 112

Salzburg - 25 July-31 August 1997

SKK 104 C

	DM	SFR	ÖS	US$	GB£	JP¥	LIT
SKZ 108 Access to Otranto	350	290	2.470	230	100	25.640	353.540
SKZ 111 The Fifth Element	450	370	3.160	260	160	31.400	444.620
SKZ 112 106th IOC Session (400)	1.200	1000	8.440	700	420	83.740	1.185.650
SKK 104 C Sound of Salzburg	160	130	1.130	110	50	11.720	161.620

1996/97 - ACCESS-SPECIAL

Portugal - Expo 1998

SKL 100

Amsterdam - November 1997

SKK 106

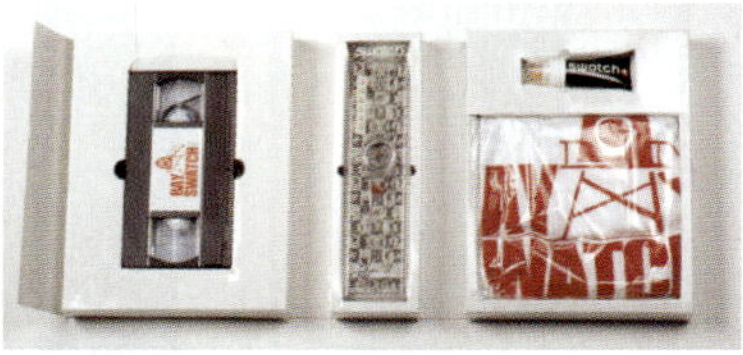

February 1997

SKK 103 F

	DM	SFR	ÖS	US$	GB£	JP¥	LIT
SKL 100 Adamastor	120	100	850	80	30	8.790	121.210
SKK 106 Magic Show "Kalvertoren" (1.000)	350	290	2.460	200	120	24.420	345.810
SKK 103 F Bay Swatch (1.500)	350	290	2.470	230	100	25.640	353.540
SKK 103 L One on one (350) (No picture)	500	420	3.520	290	180	34.890	494.020

ACCESS-SPECIAL - 1996/97

July 1997

SKK 103 M

Malaysia - 6 September 1997

SKK 103 O

Otranto - 28+29 June 1997

SKK 103 ?

21 - 24 February 1997

SKK 103 ?

1997

SKK 100

	DM	SFR	ÖS	US$	GB£	JP¥	LIT
SKK 103 M SMH Holland (800)	250	210	1.770	170	70	18.320	252.530
SKK 103 O Access to Boyzone (2.200)	450	370	3.160	260	160	31.400	444.620
SKK 103 ? Swatch City (800)	900	750	6.330	520	320	62.800	889.240
SKK 103 ? Inhorgenta 1997 (350)	500	420	3.520	290	180	34.890	494.020
SKK 100 Karlsruher SC (2.000)	400	330	2.800	230	140	28.000	395.000

1997 - FALL/WINTER

SWATCH-SKIN

SFB 100 SFN 100 SFB 101 SFB 102

	DM	SFR	ÖS	US$	GB£	JP¥	LIT
SFB 100 Black Out Two	130	110	900	80	50	9.000	128.000
SFN 100 Monoblue	130	110	900	80	50	9.000	128.000
SFB 101 Pure Line	130	110	900	80	50	9.000	128.000
SFB 102 Rosso Corsa	130	110	900	80	50	9.000	128.000

SFN 101

	DM	SFR	ÖS	US$	GB£	JP¥	LIT
SFN 101 Amarillo	130	110	900	80	50	9.000	128.000

MAXI - SWATCH

GS 101

GM 101

GB 403

GR 401

GJ 700

LS 102

GW 104

GM 701

GK 102

GB 111

LW 111

LP 100

	DM	SFR	ÖS	US$	GB£	JP¥	LIT
GS 101 12 Flags	2.000	1.660	14.060	1.160	710	139.560	1.976.000
GM 101 Pirelli	2.500	2.080	17.580	1.450	890	174.450	2.470.000
GB 403 Chrono-Tech	1.700	1.410	11.950	990	600	118.630	1.680.000
GR 401 Compu-Tech	2.000	1.660	14.060	1.160	710	139.560	1.976.000
GJ 700 Yamaha Racer	1.700	1.410	11.950	990	600	118.630	1.680.000
LS 102 Tri-Color Racer	1.700	1.410	11.950	990	600	118.630	1.680.000
GW 104 Dotted Swiss	1.500	1.250	10.550	870	530	104.670	1.482.000
GM 701 Calypso Diver	2.000	1.660	14.060	1.160	710	139.560	1.976.000
GK 102 Nautilus	450	370	3.160	260	160	31.400	445.000
GB 111 Sir Swatch	450	370	3.160	260	160	31.400	445.000
LW 111 Vasily	220	180	1.550	130	80	15.350	217.000
LP 100 Pink Flamingo	900	750	6.330	520	320	62.800	889.000

GS 400

LR 106

GB 107

GA 102

GA 400

LR 107

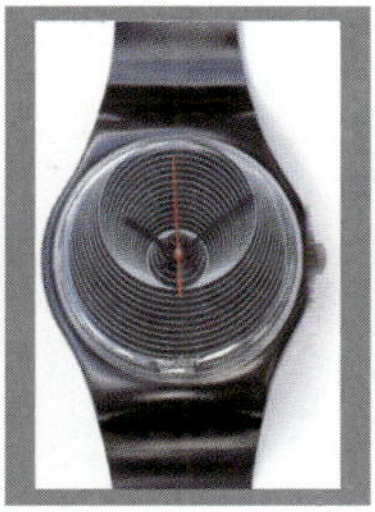
GB 114

LG 104

LW 121

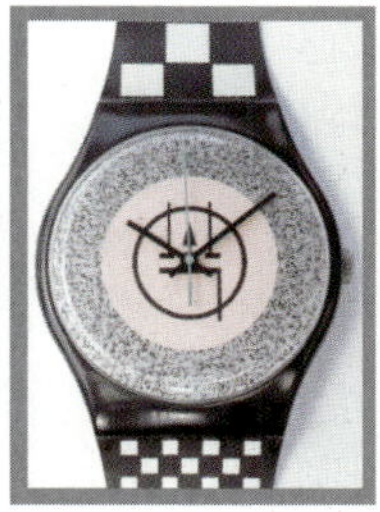
GB 116

LL 102

GK 112

GX 100

GX 702

GB 124

	DM	SFR	ÖS	US$	GB£	JP¥	LIT
GS 400 Rotor	900	750	6.330	520	320	62.800	889.000
LR 106 Radar	900	750	6.330	520	320	62.800	889.000
GB 107 Mezza Luna	1.000	830	7.030	580	350	69.780	988.000
GA 102 Pinstripe	900	750	6.330	520	320	62.800	889.000
GA 400 Ritz	900	750	6.330	520	320	62.800	889.000
LR 107 Blue Racer	350	290	2.460	200	120	24.420	346.000
GB 114 Vulcano	400	330	2.810	230	140	27.910	395.000
LG 104 Hot Racer	400	330	2.810	230	140	27.910	395.000
LW 121 Red Wave	400	330	2.810	230	140	27.910	395.000
GB 116 Mackintosh	750	620	5.270	440	270	52.340	741.000
LL 102 Pink Cassata	350	290	2.460	200	120	24.420	346.000
GK 112 Speedweek	400	330	2.810	230	140	27.910	395.000
GX 100 Heartstore	350	290	2.460	200	120	24.420	346.000
GX 702 Black Hawk	350	290	2.460	200	120	24.420	346.000
GB 124 Harajuku	800	660	5.620	460	280	55.820	790.000

GK 115

LN 106

GB 128

LJ 103

GM 106

GG 110

GG 113

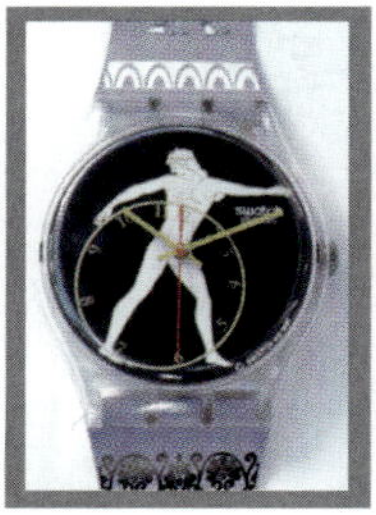

GK 141

GR 112

GN 118

GG 118

GB 149

GM 108

GP 105

GN 127

	DM	SFR	ÖS	US$	GB£	JP¥	LIT
GK 115 Bondi Diver	250	210	1.760	150	90	17.450	247.000
LN 106 Pink Hurrycane	450	370	3.160	260	160	31.400	445.000
GB 128 Eclipses	800	660	5.620	460	280	55.820	790.000
LJ 103 Neutrino	300	250	2.110	170	110	20.930	296.000
GM 106 Mark	400	330	2.810	230	140	27.910	395.000
GG 110 Franco	400	330	2.810	230	140	27.910	395.000
GG 113 Stalefish	250	210	1.760	150	90	17.450	247.000
GK 141 Discobolus	300	250	2.110	170	110	20.930	296.000
GR 112 Chicchirichi	350	290	2.460	200	120	24.420	346.000
GN 118 Hookipa	350	290	2.460	200	120	24.420	346.000
GG 118 Yuri	350	290	2.460	200	120	24.420	346.000
GB 149 Glance	300	250	2.110	170	110	20.930	296.000
GM 108 Nüni	250	210	1.760	150	90	17.450	247.000
GP 105 Masquerade	250	210	1.760	150	90	17.450	247.000
GN 127 Postcard	250	210	1.760	150	90	17.450	247.000

GR 114

GG 121

GN 134

GK 169

SLB 101

MGZ 001

GR 119

GR 118

GM 704

GK 179

GR 121

GZ 134

GZ 139

GN 150

GG 135

	DM	SFR	ÖS	US$	GB£	JP¥	LIT
GR 114 Fritto Misto	300	250	2.110	170	110	20.930	296.000
GG 121 Cappuccino	300	250	2.110	170	110	20.930	296.000
GN 134 Space People	350	290	2.460	200	120	24.420	346.000
GK 169 Perspective	300	250	2.110	170	110	20.930	296.000
SLB 101 Europe in Concert	4.500	3.740	31.640	2.610	1.590	314.010	4.446.000
MGZ 001 Folon 4	500	420	3.520	290	180	34.890	494.000
GR 119 Floral Story	300	250	2.110	170	110	20.930	296.000
GR 118 Bark Bark	300	250	2.110	170	110	20.930	296.000
GM 704 Sky Heroes	250	210	1.760	150	90	17.450	247.000
GK 179 Azimut	450	370	3.160	260	160	31.400	445.000
GR 121 Monster Time	350	290	2.460	200	120	24.420	346.000
GZ 134 St. Moriz 1928	350	290	2.460	200	120	24.420	346.000
GZ 139 Atlanta 1996	350	290	2.460	200	120	24.420	346.000
GN 150 Black Sheep	750	620	5.270	440	270	52.340	741.000
GG 135 Green Dragon	250	210	1.760	150	90	17.450	247.000

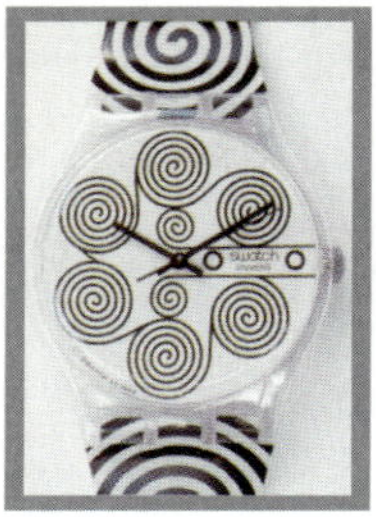

GK 192

GB 164

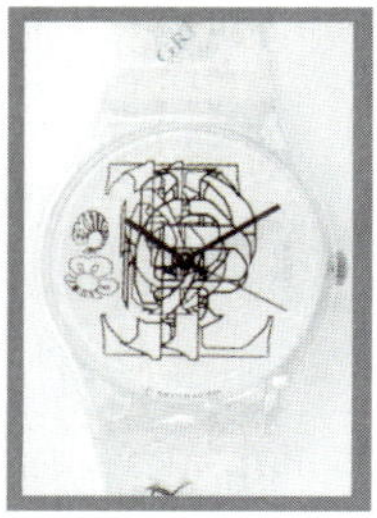

GK 208

GZ 142

GZ 141

GZ 143

SLZ 103

SCZ 103

GN 156

GS 105

GN 163

GB 176

GK 224

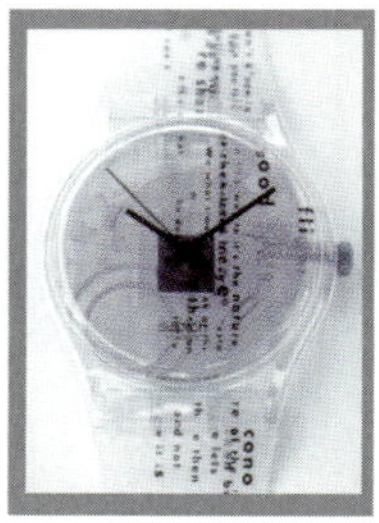

GK 221

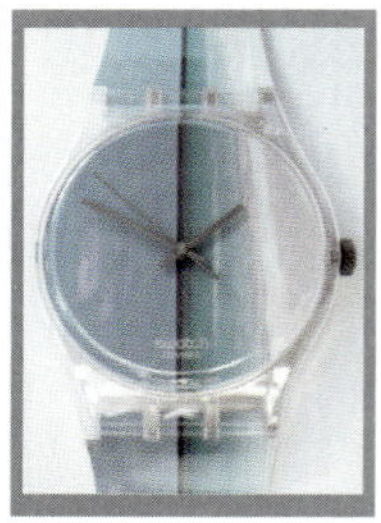

GK 242

	DM	SFR	ÖS	US$	GB£	JP¥	LIT
GK 192 Brouillon	300	250	2.110	170	110	20.930	296.000
GB 164 Black Globe	250	210	1.760	150	90	17.450	247.000
GK 208 Graphickers	250	210	1.760	150	90	17.450	247.000
GZ 142 Despiste	800	660	5.620	460	280	55.820	790.000
GZ 141 Eiga-Shi	800	660	5.620	460	280	55.820	790.000
GZ 143 Time to Reflect	800	660	5.620	460	280	55.820	790.000
SLZ 103 11 P.M.	1.800	1.490	12.650	1.040	640	125.600	1.778.000
SCZ 103 Unlimited	900	750	6.330	520	320	62.800	889.000
GN 156 Good Morning	300	250	2.110	170	110	20.930	296.000
GS 105 Lucky Shadow	300	250	2.110	170	110	20.930	296.000
GN 163 Boxing	250	210	1.760	150	90	17.450	247.000
GB 176 Don't	200	170	1.410	120	70	13.960	198.000
GK 224 Caution	200	170	1.410	120	70	13.960	198.000
GK 221 Phonescan	200	170	1.410	120	70	13.960	198.000
GK 242 Chlorine	250	210	1.760	150	90	17.450	247.000

GK 245

GK 903

GK 260

GJ 120

GK 254

GB 183

SKK 104

SKZ 106

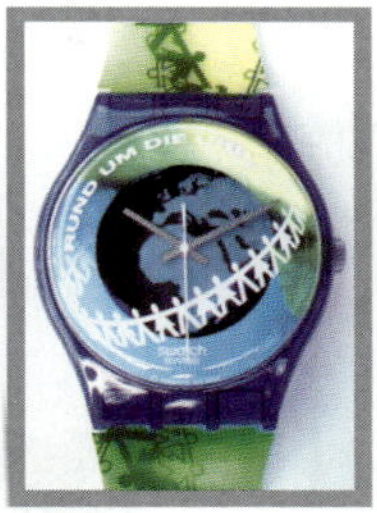

GZ 153

SKL 100

	DM	SFR	ÖS	US$	GB£	JP¥	LIT
GK 245 Cactus	200	170	1.410	120	70	13.960	198.000
GK 903 Signalite	200	170	1.410	120	70	13.960	198.000
GK 260 The Fifth Element	230	190	1.620	130	80	16.050	227.000
GJ 120 Passage to Brooklyn	200	170	1.410	120	70	13.960	198.000
GK 254 Small in Big	200	170	1.410	120	70	13.960	198.000
GB 183 Overtime	200	170	1.410	120	70	13.960	198.000
SKK 104 Salzburg	6.000	4.980	42.180	3.480	2.120	418.680	5.928.000
SKZ 106 Ora et Signora	250	210	1.760	150	90	17.450	247.000
GZ 153 Rund um die Uhr	1.500	1.250	10.550	870	530	104.670	1.482.000
SKL 100 Adamastor	250	210	1.760	150	90	17.450	247.000

Scuba Dose/Can (1)

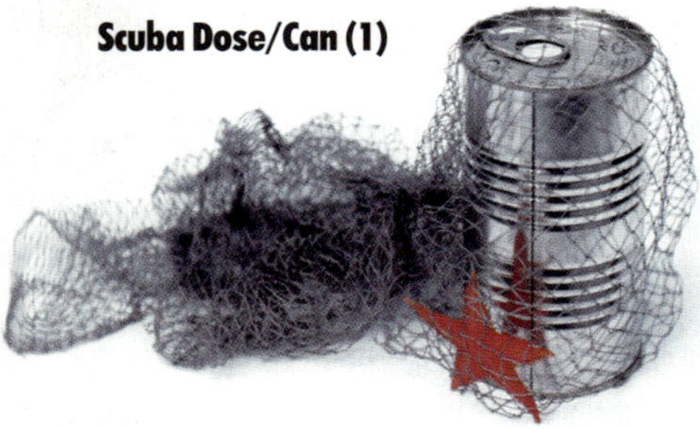

Scuba Dose/Can (2)

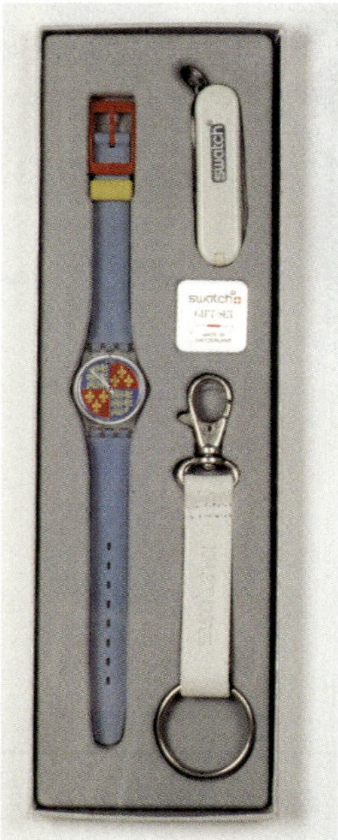

Elektra-Set

Lady Gift Set

GX 111

	DM	SFR	ÖS	US$	GB£	JP¥	LIT
"Scuba-Dose/Can" (1) (1990 Italy) (1.000) (SDB 100/SDK 100/SDK 101/SDN 400)	400	330	2.810	230	140	27.910	395.000
"Scuba-Can" (2) (1990 Italy) (SDB 100/SDK 103/SDK 102)	250	210	1.770	170	70	18.320	253.000
SAB 100/SAM 100/SAN 100 - "Electra-Set" (1991 Italy)	320	270	2.250	190	110	22.330	316.000
Lady Gift Set (1987 USA)	500	420	3.520	290	180	34.890	494.000
Gent Gift Set (1987 USA) (Ohne Bild / No picture)	500	420	3.520	290	180	34.890	494.000
GX 111 Chic-on - "Azzali" (1990 Italy) (999)	700	580	4.920	410	250	48.850	692.000

PWK 168

GG 118

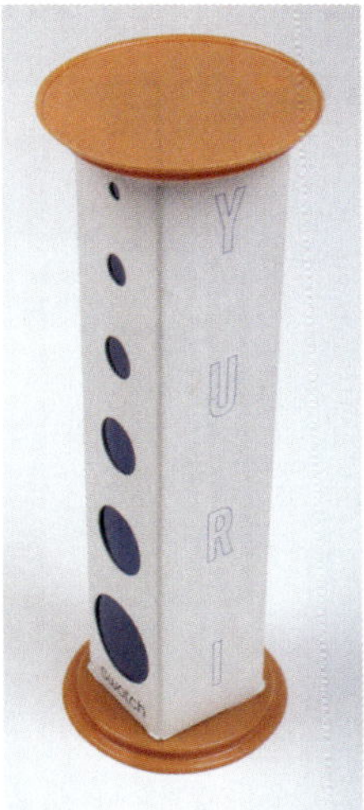

SAK 102

GX 126

GP 105 (1)

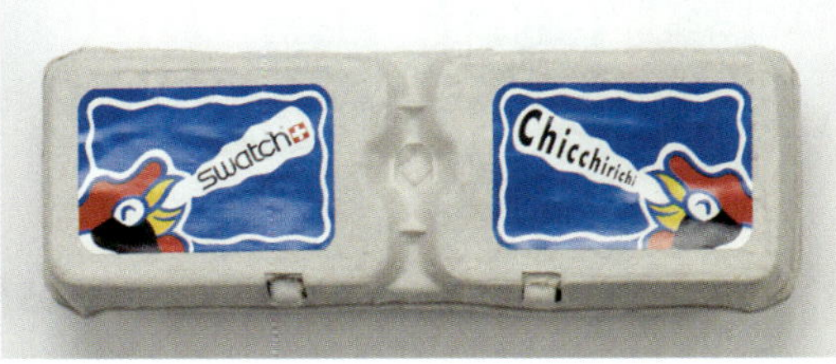

GR 112

	DM	SFR	ÖS	US$	GB£	JP¥	LIT
PWK 168 Putti (1992 USA)	350	290	2.460	200	120	24.420	346.000
SAK 102 Time To Move (1992 USA)	300	250	2.120	200	80	21.980	303.000
GG 118 "Yuri in Rocket" (1992 USA)	200	170	1.410	120	70	13.960	198.000
GP 105 (1) Masquerade - "Party Zitelle" (20 Feb.1993 Italy) (1.500)	200	170	1.410	120	70	13.960	198.000
GX 126 Voie Humaine (1993 Germany) (2.222)	250	210	1.760	150	90	17.450	247.000
GR 112 Chicchirichi (1992 USA)	200	170	1.410	120	70	13.960	198.000

GN 125

GG 123/LP 114 (1)

GG 123/LP 114 (2)

GP 105 (2)

Swatch-Bible

GP 105 (3)

	DM	SFR	ÖS	US$	GB£	JP¥	LIT
GN 125 Crazy Eight - "Frisbee" (1993 Japan)	450	370	3.160	260	160	31.400	445.000
GP 105 (2) Masquerade - "The Fan" (1993 USA)	200	170	1.410	120	70	13.960	198.000
GP 105 (3) Masquerade - "Carnevale" (1993 Venedig / Italy) (5.000)	200	170	1.410	120	70	13.960	198.000
GG 123/LP 114 (1) - "Boston Story Book" (1993 USA)	300	250	2.110	170	110	20.930	296.000
GG123/LP114 (2) -"Singapore Story Book" (1993 Singapore)	450	370	3.160	260	160	31.400	445.000
"Swatch-Bible" (1993 Japan) (1.000)	1.100	910	7.730	640	390	76.760	1.087.000

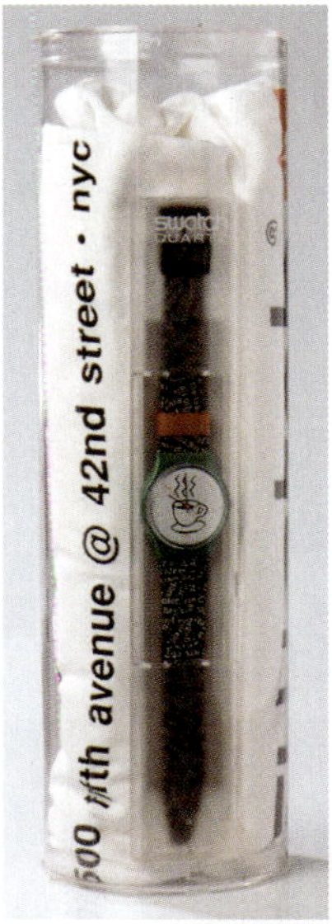

GG 121

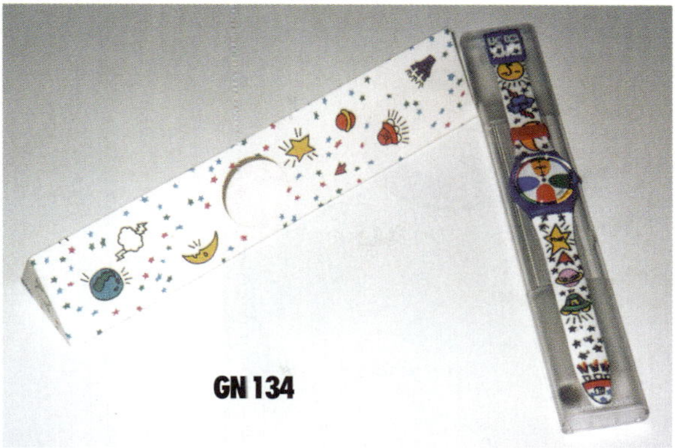

GN 134

GN 134/PWK 190

Messages

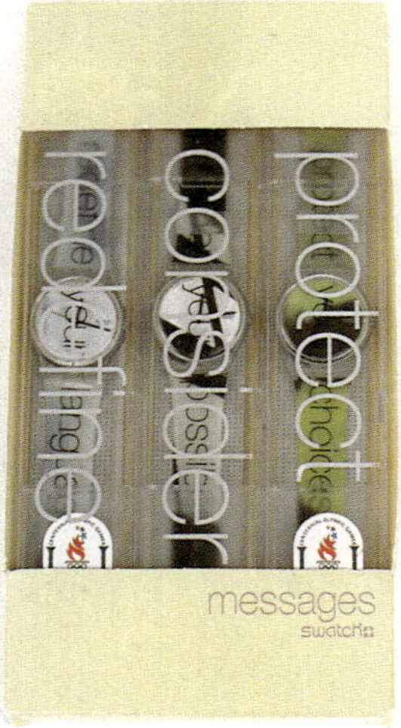

PWK 168

	DM	SFR	ÖS	US$	GB£	JP¥	LIT
GG 121 Cappuccino (1993 USA)	400	330	2.810	230	140	27.910	395.000
GN 134 Space People (1993 Hong Kong)	200	170	1.410	120	70	13.960	198.000
PWK 168 Putti - "Passport 92" (1992 USA)	350	290	2.460	200	120	24.420	346.000
GN 134/PWK 190 - "Passport 93" (1993 USA - ETAF Elisabeth Taylor Aids Foundation) (Beyond Boundaries)	350	290	2.460	200	120	24.420	346.000
Messages - "Passport 96" (1996 USA) (1.000)	350	290	2.460	200	120	24.420	346.000

PWK 180

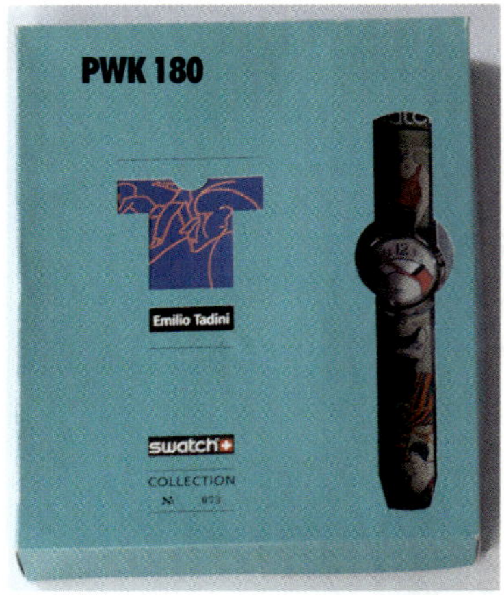

PWK 180

GR 114

PWK 181

SDK 107

	DM	SFR	ÖS	US$	GB£	JP¥	LIT
PWK 180 The Life Saver (1993 Italy - Swatch-Cruise) (100)	850	710	5.980	490	300	59.310	840.000
PWK 180 The Life Saver + T-Shirt (1993 Italy - Swatch-Cruise) (100)	850	710	5.980	490	300	59.310	840.000
GR 114 Fritto Misto (1993 Italy - Swatch-Cruise) (100)	1.600	1.330	11.250	930	570	111.650	1.581.000
PWK 181 Langoustine (1993 Italy - Swatch-Cruise) (100)	1.600	1.330	11.250	930	570	111.650	1.581.000
SDK 107 Blue Ice (1993 Italy - Swatch-Cruise) (100)	2.200	1.800	15.500	1.300	800	153.500	2.174.000

SAG 100

SLB 101

SDN 110

SDG 100

Piano-Box

	DM	SFR	ÖS	US$	GB£	JP¥	LIT
SAG 100 Gran Via (1993 Sweden)	750	620	5.270	440	270	52.340	741.000
SLB 101 Europe in Concert (1993 - Jean Michel Jarre Swatch Club Special)	250	210	1.770	170	70	18.320	253.000
SDN 110 Pacific Beach (Summer 1994 Germany - Bodensee-Event) (1.000)	850	710	5.980	490	300	59.310	840.000
SDG 100 Sailor's Joy (1993 Germany) (4.444)	170	140	1.200	100	60	11.860	168.000
SLK 100 / SLM 101 - " Piano Bxo" (1993 Japan) (500)	1.000	830	7.030	580	350	69.780	988.000

Le Walk

SLR 100

Aquachrono

SLK 104

	DM	SFR	ÖS	US$	GB£	JP¥	LIT
SSK 104 oder/or SSK 105 - "Le Walk" (12 Feb. 1994 Great Britain, France) (3.100)	300	250	2.120	200	80	21.980	303.000
SLR 100 Fandango (1994 Italy) (5.000)	190	160	1.340	130	50	13.920	192.000
SLK 104 Boogie Mood (1.994) (July, August 1994 Singapore)	550	460	3.870	320	190	38.380	543.000
Aquachrono (1994 Italy, USA)	300	250	2.110	170	110	20.930	296.000

GV 107

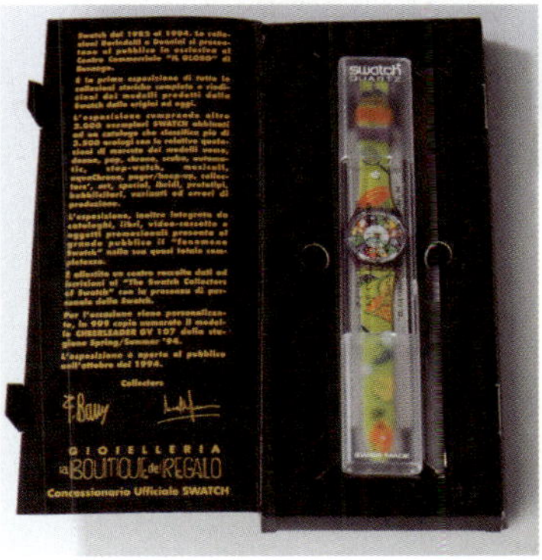

GR 119

GN 135

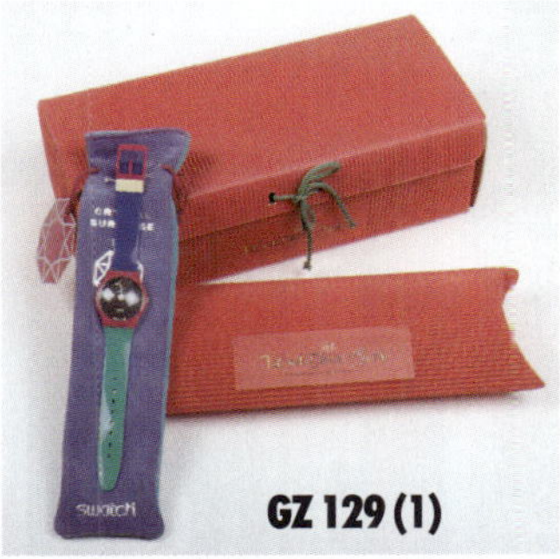

GZ 129 (1)

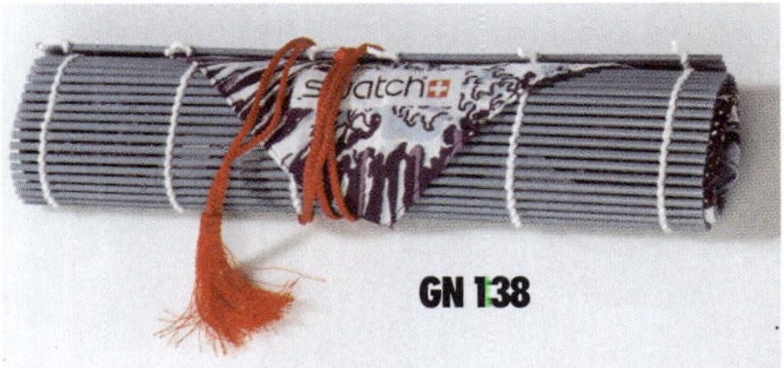

GN 138

GZ 129 (2)

	DM	SFR	ÖS	US$	GB£	JP¥	LIT
GV 107 Cheerleader (1994 Italy)	250	210	1.760	150	90	17.450	247.000
GN 135 Cathedral (1994 Japan)	450	370	3.160	260	160	31.400	445.000
GN 138 The Lake (1994 Japan)	450	370	3.160	260	160	31.400	445.000
GR 119 Floral Story (1994 Japan)	400	330	2.810	230	140	27.910	395.000
GZ 129 (1) Crystal Surprise (1994 Italy - Swatch Collectors of Swatch)	200	170	1.410	120	70	13.960	198.000
GZ 129 (2) Crystal Surprise (1994 France - Swatch Collectors of Swatch)	300	250	2.110	170	110	20.930	296.000

SCN 109

SCK 400

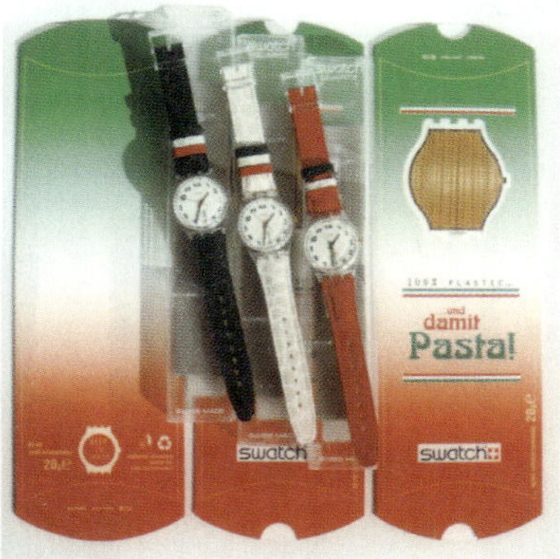

GK 711

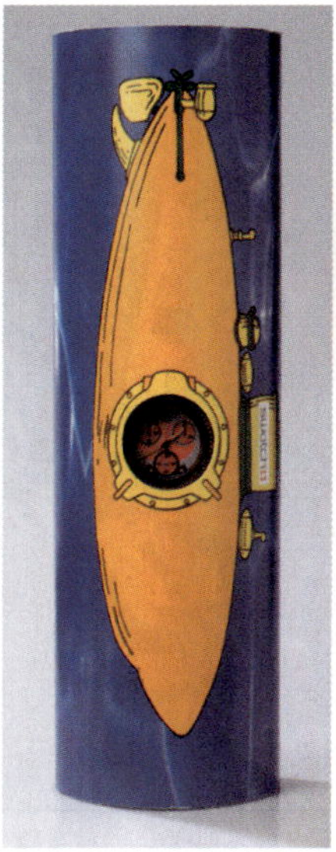
SBN 101

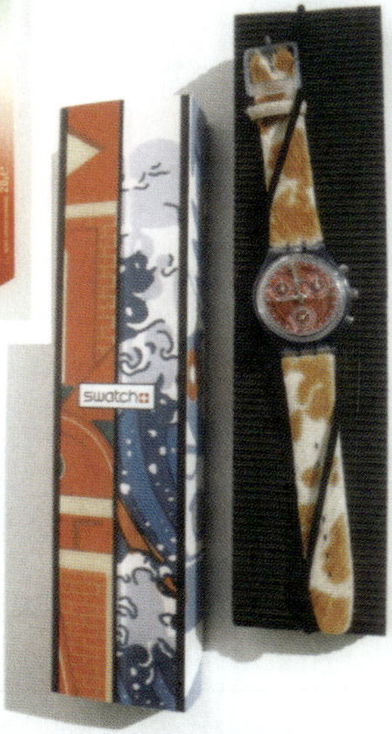
SCN 109

	DM	SFR	ÖS	US$	GB£	JP¥	LIT
SCN 109 Fury (1994 Italy) (700)	950	780	6.720	630	260	69.600	960.000
SCN 109 Fury (1994 Japan)	450	370	3.160	260	160	31.400	445.000
SCK 400 Whipped Cream (6 May 1994 Italy - 100 Years Cinema) (2.000)	350	290	2.460	200	120	24.420	346.000
SBN 101 Big Blue (1994 Italy, USA)	200	160	1.410	130	50	14.650	202.000
GK 711 Tutto Tondo-"... und damit Pasta" (1994 Germany)	700	580	4.920	410	250	48.850	692.000

GB 158+GB 159 (1)

GG 129

GB 158+GB 159 (2)

GN 150

GR 127 (1)

	DM	SFR	ÖS	US$	GB£	JP¥	LIT
GG 129 Girotondo (1994 Germany)	350	290	2.460	200	120	24.420	346.000
GB 158+GB 159 (1) - "Ravage Set" (1994 France, USA)	250	210	1.760	150	90	17.450	247.000
GB 158+GB 159 (2) (1994 Italy)	300	250	2.110	170	110	20.930	296.000
GR 127 (1) For your Heart only (St. Valentine's Day 1995 Germany)	350	290	2.460	200	120	24.420	346.000
GN 150 Black Sheep (1995 Taiwan) (3.000)	1.100	910	7.730	640	390	76.760	1.087.000

GR 127 (2)

GR 127 (3)

GR 125

GR 127 (4)

GG 134

	DM	SFR	ÖS	US$	GB£	JP¥	LIT
GR 127 (2) For your Heart only (St. Valentine's Day 1995)	200	170	1.410	120	70	13.960	198.000
GR 127 (3) For your Heart only (St. Valentine's Day 1995 Singapore)	600	500	4.220	350	210	41.870	593.000
GR 127 (4) For your Heart only (St. Valentine's Day 1995 Hong Kong, Malaysia)	550	460	3.870	320	190	38.380	543.000
GG 134 Rapp-er - "Pizzabox" (500) (19-21 May 1995 USA-New York)	270	220	1.900	160	100	18.840	267.000
GR 125/6 Curry Powder - "Big Apple" (19-21 May 1995 USA-New York) (350)	750	620	5.270	440	270	52.340	741.000

SLM 104/105

SDK 902

GZ 146

YGS 400

	DM	SFR	ÖS	US$	GB£	JP¥	LIT
SLM 104/5 Salsa (4 March 1995 Germany - Stomp Event) (2.000)	350	290	2.460	200	120	24.420	346.000
SDK 902 Mind the Shark (4 March 1995 Germany - Stomp Event) (1.000)	250	210	1.770	170	70	18.320	253.000
GZ 146 Point of View + T-Shirt (4 March 1995 Germany - Stomp Event)	350	290	2.460	200	120	24.420	346.000
YGS 400 Happy Joe (4 March 1995 Germany - Stomp Event) (520)	700	580	4.920	410	250	48.850	692.000

GK 202

GJ 114

GK 206

GK 193

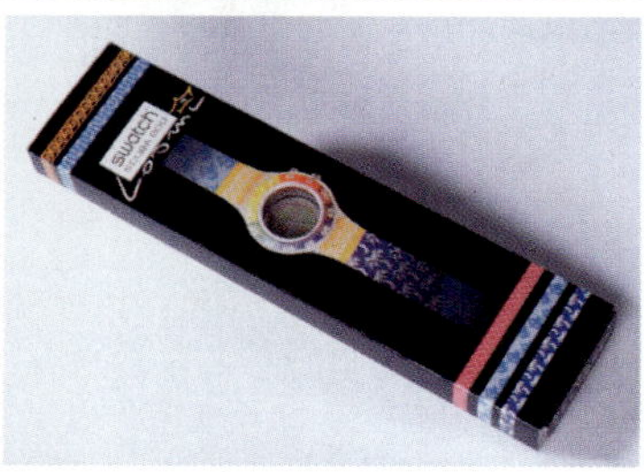

SDK 902

	DM	SFR	ÖS	US$	GB£	JP¥	LIT
GK 202 Frozen Tears (Christmas 1995 Japan)	350	290	2.460	200	120	24.420	346.000
GK 193 Oongawah! (1995 Holland)	210	170	1.480	120	70	14.650	207.000
GK 206 Vive la Paix-"Holland Art Gallery" (September 1995 Holland) (125)	3.000	2.500	21.200	2.000	800	219.800	3.030.000
GJ 114 Lylium "Mother's Day" (1995 Italien)	150	120	1.050	90	50	10.470	148.000
SDK 902 Mind the shark (1995)	230	190	1.620	130	80	16.050	227.000

SLM 104/105

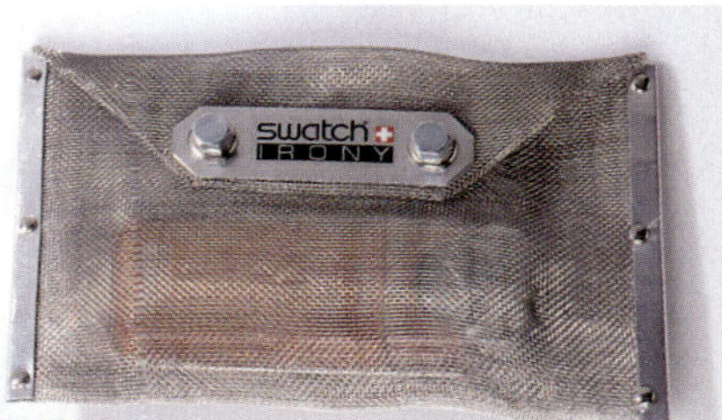

IRONY

PPB 102

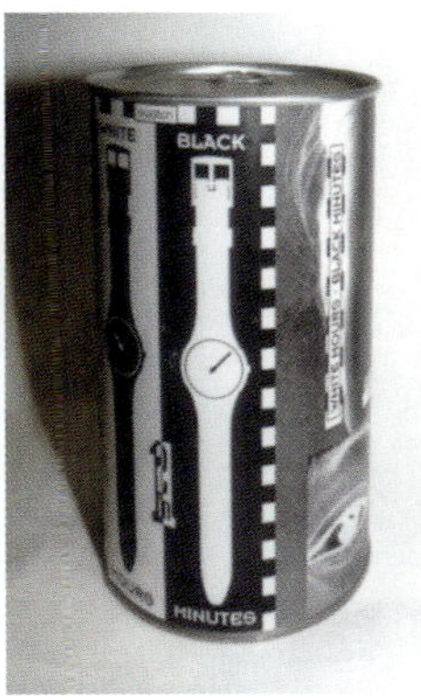

GB 162/GW 116 (1)

GB 162/GW 116 (2)

	DM	SFR	ÖS	US$	GB£	JP¥	LIT
SLM 104/5 Salsa - "Music goes Swatch" (21 Jan. 1995 Italy) (2.500)	350	290	2.460	200	120	24.420	346.000
Irony - "Music goes Swatch" ((21 Jan. 1995 Italy) (2.000)	400	330	2.810	230	140	27.910	395.000
PPB 102 Mythology - "Music goes Swatch" (21 Jan. 1995 Italy) (1.500)	200	170	1.410	120	70	13.960	198.000
GB 162/GW 116 (1) - "Black & White" (1995 Italy) (222)	1.200	1.000	8.440	700	420	83.740	1.186.000
GB 162/GW 116 (2) - "Black & White" (1995)	150	120	1.060	100	40	10.990	152.000

GM 135/GN 156

SSK 101

Art of Time II (1)

GN 128

Art of Time II (2)

	DM	SFR	ÖS	US$	GB£	JP¥	LIT
GN 128 Algave "Virgin CD-Set" (1996 Portugal - Virgin Megastore) (666)	250	210	1.760	150	90	17.450	247.000
SSK 101 Go Big (25 Jan. 1996 Italy) (500)	300	250	2.120	200	80	21.980	303.000
GM 135/GN 156 "Breakfast Set" (1996)	200	170	1.410	120	70	13.960	198.000
Art of Time II (1) (1996 USA) (499)	700	580	4.920	410	250	48.850	692.000
Art of Time II (2) (26 October 1996 USA) (500)	700	580	4.920	410	250	48.850	692.000

GZ 151

SLK 108

GK 224

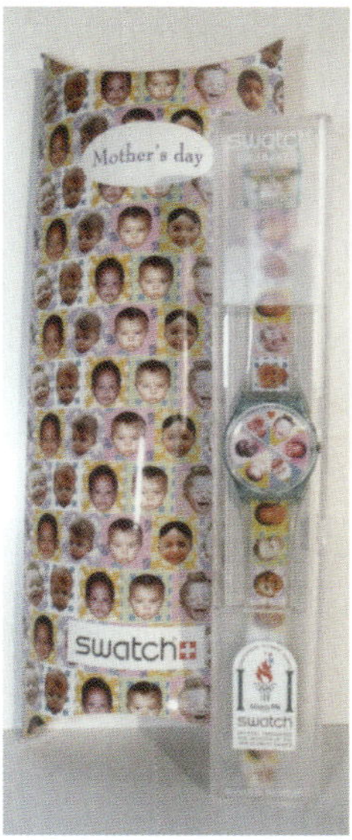

GL 107

Get the Message

	DM	SFR	ÖS	US$	GB£	JP¥	LIT
GZ 151 Oracolo (1996 Italy) (715)	550	460	3.870	320	190	38.380	543.000
GZ 151 Oracolo (1996 Holland, Germany) (1.050)	350	290	2.460	200	120	24.420	346.000
SLK 108 Funky Town (1996)	450	370	3.160	260	160	31.400	445.000
GK 224 Caution + T-Shirt - "Toolbox" (1996 USA) (100)	800	660	5.620	460	280	55.820	790.000
GL 107 Sweet Baby (Mother's Day 1996 Italy)	200	170	1.410	120	70	13.960	198.000
"Get the Message" (1996) (GK 226 + GK 227 + GK 228)	300	250	2.110	170	110	20.930	297.000

Elements

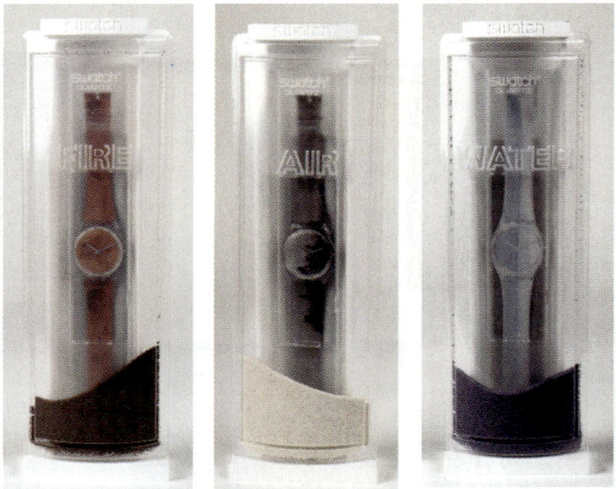

Fire, Air & Water (GK 240, GK 241, GK 242)

GK 237

GN 168

GK 171

	DM	SFR	ÖS	US$	GB£	JP¥	LIT
GK 237 Pounding Heart "Love-Kit" (St. Valentine's Day 1997 Holland) (230)	500	420	3.520	290	180	34.890	494.000
GN 168 Twitch Twins (1997 Holland) (250)	450	370	3.160	260	160	31.400	445.000
Elements (1997) (GK 260 + GK 241 + GK 242)	300	250	2.110	170	110	20.930	296.000
Fire, Air & Water (1997) (GK 260 + GK 241 + GK 242)	300	250	2.110	170	110	20.930	296.000
GK 171 XXL "I was there" (1997 Hong Kong) (3.000)	300	250	2.110	170	110	20.930	296.000

GN 170

GR 130

SDB 111 S/L

GK 235

GK 247

	DM	SFR	ÖS	US$	GB£	JP¥	LIT
GR 130 Pink - "Swatch In Bloom" (1997 USA - Cherry Blossom Festival) (500)	250	210	1.770	170	70	18.320	253.000
GN 170 Lady + the Mirror (1997 Japan) (1.000)	350	290	2.460	200	120	24.420	346.000
GK 235 Jungle Tangle (1997 Japan)	300	250	2.110	170	110	20.930	296.000
GK 247 Ticking Brain "Supermom" (Mother's Day 1997 USA)	200	170	1.410	120	70	13.960	198.000
SDB 111 S/L Grip it! (1997)	130	110	910	80	50	9.070	128.000

SKZ 111

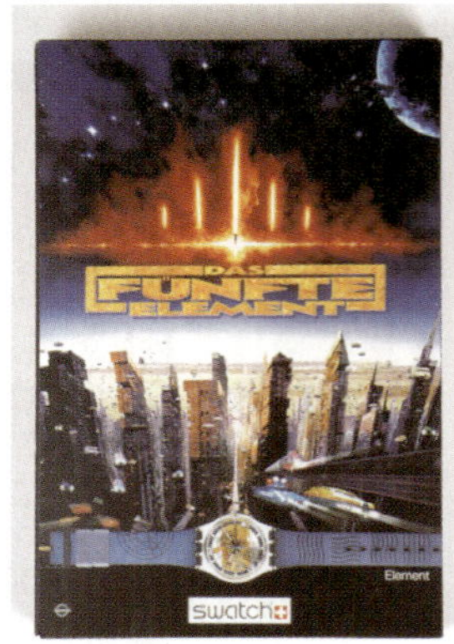

SKZ 106

SKZ 105

GK 260 S

	DM	SFR	ÖS	US$	GB£	JP¥	LIT
SKZ 106 Juventus VIP Set (1997 Italy) (100)	1.500	1.250	10.550	870	530	104.670	1.482.000
SKZ 111 The Fifth Element (14 August 1997 Austria) (1.000)	350	290	2.460	200	120	24.420	346.000
SKZ 105 Element (14 August 1997 Switzerland) (819)	800	660	5.620	460	280	55.820	790.000
GZ 260 S The Fifth Element (28 August 1997 Germany) (8.000)	190	160	1.340	110	70	13.260	188.000

SKZ 103

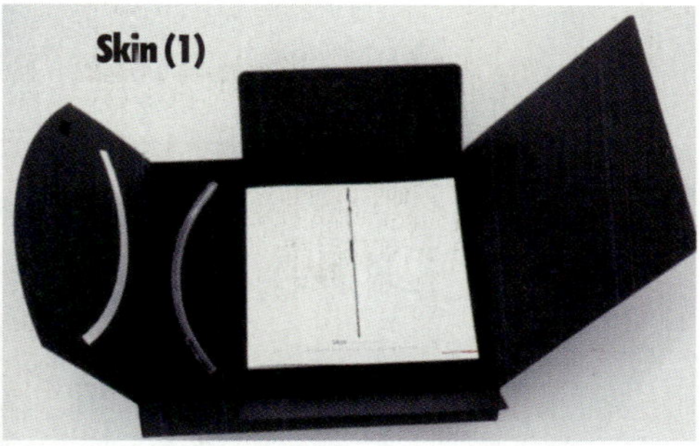
Skin (1)

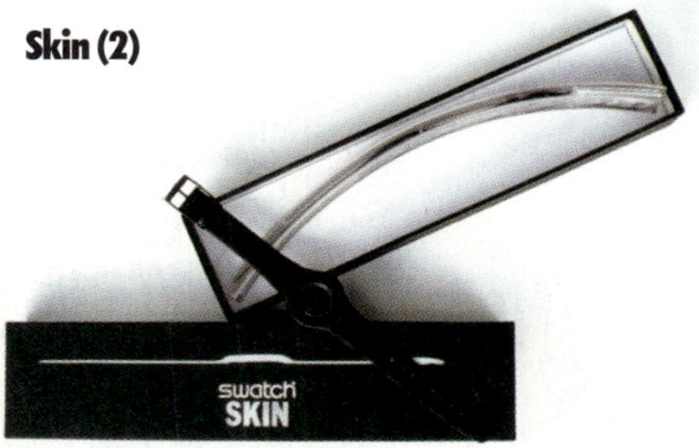

Skin (2)

GK 258

Skin (3)

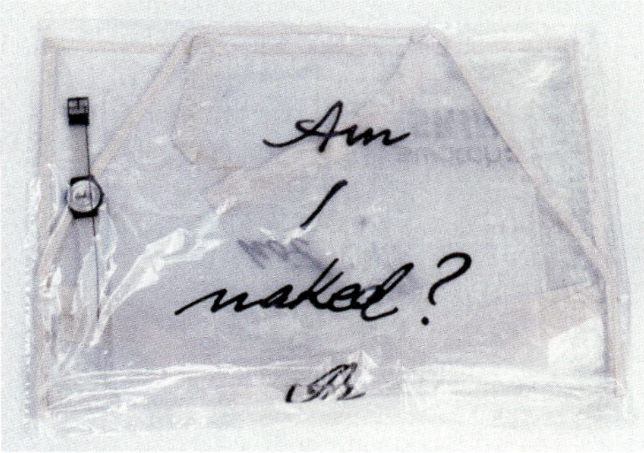

	DM	SFR	ÖS	US$	GB£	JP¥	LIT
GKZ 103 Garden Turf "Jerome the Gnome"	120	100	840	70	40	8.370	119.000
(1997 Germany, Holland, USA, Switzerland - Swatch Collectors of Swatch)							
Skin (1)	450	370	3.160	260	160	31.400	445.000
(1997 Italy) (1.500)							
Skin (2) - "V.I.P.-Set"	300	250	2.110	170	110	20.930	296.000
(1997 Germany)							
Skin (3) - "Am I naked? Or am I not"	300	250	2.110	170	110	20.930	296.000
(1997 Singapore) (200)							
GK 258 Never Seen Before	80	60	600	50	30	6.000	79.000
(1997)							

Historical Olympic Games - 1994

GZ 145

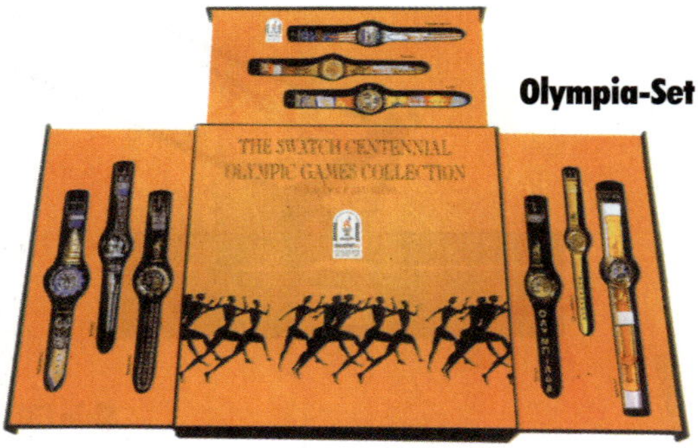

Olympia-Set II

GZ 134

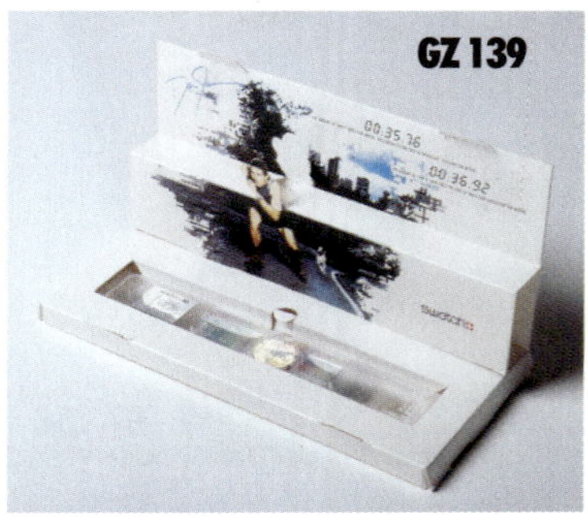

GZ 139

	DM	SFR	ÖS	US$	GB£	JP¥	LIT
Historical Olympic Games (1994 Olympia-Special)	800	660	5.620	460	280	55.820	790.000
GZ 134 St. Moriz 1928 (1994 Italy)	250	210	1.760	150	90	17.450	247.000
GZ 139 Atlanta 1996 - "Dan Janson" (1994 USA) (50.000)	120	100	840	70	40	8.370	119.000
Honour and Glory (1995 Olympia-Set II)	900	750	6.330	520	320	62.800	889.000
GZ 145 Atlanta Laurels (1996 Coca Cola- USA)	500	420	3.520	290	180	34.890	494.000

SCZ 102

GK 209

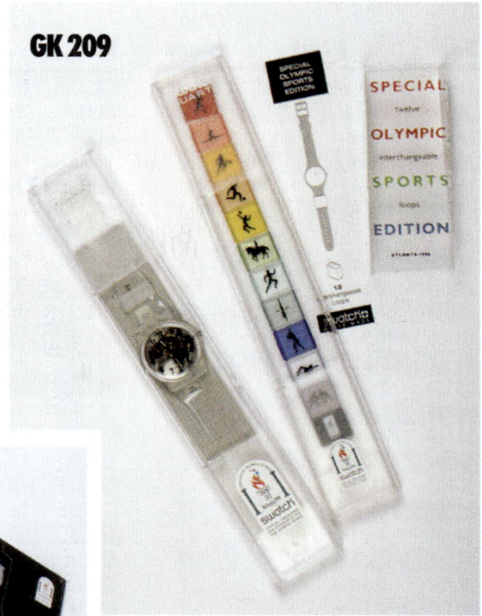

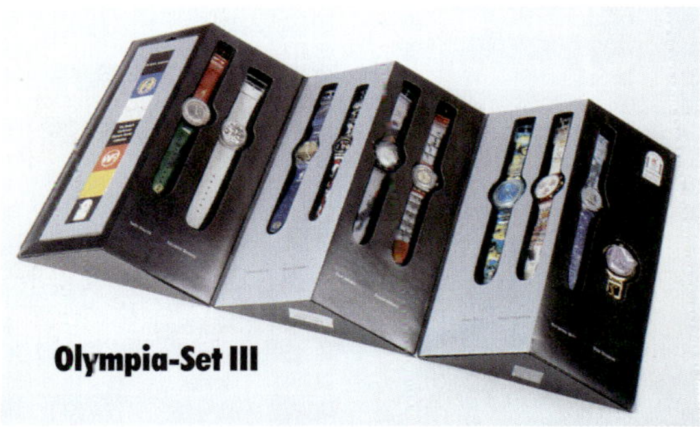

Olympia-Set III

GZ 150

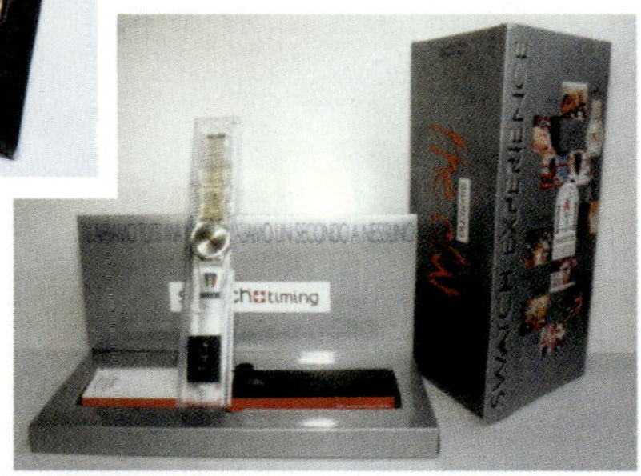

GZ 107

	DM	SFR	ÖS	US$	GB£	JP¥	LIT
The Olympic Legends (1996 Olympia-Set III)	1.100	910	7.730	640	390	76.760	1.087.000
SCZ 102 London 1948 (1994 England)	220	180	1.550	130	80	15.350	217.000
GK 209 Transparent - "Olympic-Venue" (1996 - USA)	200	170	1.410	120	70	13.960	198.000
GZ 107 Rorrim 5 (1987 Special-Press-Box Switzerland)	3.700	3.100	26.000	2.100	1.300	258.200	3.656.000
GZ 150 Olympic Team 1996 - "Experience" (30 July 1996 Italy) (2.000)	250	210	1.760	150	90	17.450	247.000

Index No.

Index No.

Index No.

Index No.

Index No.

Index No.

Index No.

Index No.

Index A-Z

Index A-Z

Index A-Z

Index A-Z

Index A-Z

Notizen • Notes

COLOR WINDOW 8-98 $40
Black inlay 8-98 $25

(STORMY WEATHER
SANDY MOUNTAINS) $50 1-98

VICTOR Vasarley X-Mas gift '96

PARIS

"1000"
de
JEAN PATOU
PARIS

テレホンカード50
Coke is it!

Coca-Cola
ALWAYS COLLECTIBLE
ALWAYS COCA-COLA

Der internationale
**„Bonello's Swatch-Collector
Katalog für Swatch-Uhren"**
Ausgabe 1997 mit über 1900 farbigen Abbildungen zeigt alle Modelle von 1983 bis 1997 in farbigen Abbildungen und enthält Sammlerpreise in 7 verschiedenen Währungen.
Taschenbuch, Format 15 x 21 cm (DIN A5)
DM 44,-
zuzügl. DM 7,- (D)/16,- (EU) Porto
ISBN 3-929025-23-X

The international
„Bonello's Swatch-Collector"
Edition 1997 with more than 1900 color pictures includes collector values in 7 different currencies. The catalogue contains all models from 1983 until 1997.
Pocket guide, size 6" x 8" (A5)
US$ 29.95 plus $ 5.- shipping (in USA)
(US$ 20.- for shipping to Asia)
DM 44.00 plus DM 16.- shipping (EU)
ISBN 3-929025-23-X

Auflage 1997/98
Der Verkaufsschlager des Sammelbereiches Spielzeug aus Schokoladeneiern.
Ca. 4.000 Objekte werden auf 544 Seiten mit aktuellen Marktpreisen abgebildet: Figuren, Autos, Flugzeuge, Schiffe, Hohlkörperfiguren, Spardosen, Balgfiguren und Plastikpuzzles von Ferrero und anderen Herstellern. Dreisprachige Ausgabe (Deutsch/Italienisch/Englisch)
Hardcover, Format 15 x 21 cm (DIN A5)
DM 36,-
zuzügl. DM 7,- (D) / 16,- (EU) Porto
ISBN 3-929025-21-3

Edition 1997/1998
The German bestseller of toy collectibles. This catalogue shows approximately 4000 objects on 544 pages. In the book you see figures, vehicles and other toys from the "Ferrero Kinder Surprise" chocolate eggs. One chapter of the guide deals with similar gifts from other brands. Descriptions in German Italian and English.
Hardcover, size 6" x 8" (A5)
US$ 24.95 plus $ 5.- shipping (in USA)
DM 36.- plus DM 16.- shipping (in Europe)
ISBN 3-929025-21-3

Taschenausgabe
Dieser postkartengroße Katalog mit dem identischen Inhalt des großen Hardcovers ist die ideale Ergänzung für unterwegs.
Paperback, Format DIN A6
DM 19,80 zuzügl. DM 5,- (D) porto
15,- (EU) Porto
ISBN 3-929025-22-1

Pocket Guide
This postcard size book contains the same information as the big Hardcover. It is the perfect information source 'on the road'.
Paperback, size 4" x 6" (A6)
DM 19,80 plus DM 15,- shipping (in Europe)
US$ 15.- plus $ 5.- shipping (in USA)
ISBN 3-929025-22-1

Distributor + Dealers wanted!

Do you sell Collectibles and want to increase your business? Why not selling this Collectors Guide to your customers. Info: SU Verlag Herderstr. 28 · D-65185 Wiesbaden · Fax +49 611 9908111

Edgar - auf der Karte
Die in Szene-Kneipen großer Städte kostenlos verteilten Karten haben sich in der jüngsten Vergangenheit zu einem Geheimtip unter Sammlern entwickelt.
Der farbige Katalog zeigt die Karten nebst Sammlerpreisbewertung von Beginn bis zur Nummer 1300 sowie viele Sonderkarten und Merchandiseartikel.
Taschenbuch, Format 15 x 21 cm (DIN A5)
DM 34,- zuzügl. DM 7,- (D) / 16,- (EU) Porto
ISBN 3-929025-17-5

Edgar - auf der Karte
Collectors guide to German advertising and art postcards from "Edgar - auf der Karte". The book contains all cards and their collectors value in DM. Editorial in German.
Paperback, size 6" x 8" (A5)
DM 34.- plus DM 16.- shipping (Europe)
ISBN 3-929025-17-5
**not available in USA*

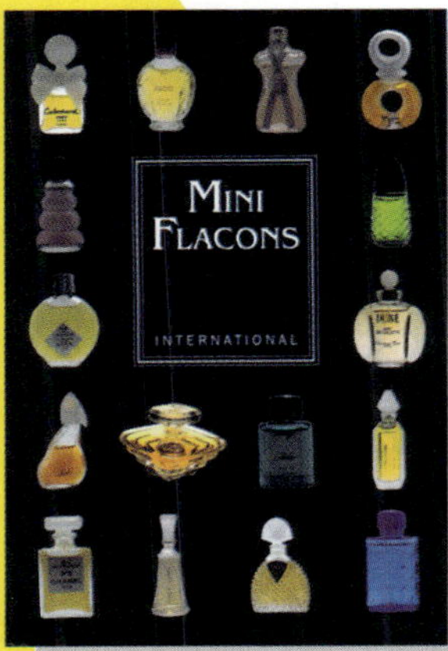

Mini Flacons International
Auf 480 Seiten sind mehr als 3300 farbige Abbildungen von Parfüm-Miniaturen aus aller Welt. Sie erhalten einen Überblick sämtlicher führenden Marken und Düfte, in dem nach Firmennamen sortierten Bildteil. Der Anhang enthält einen nach Duftnamen sortierten Index. Alle Erklärungen sind viersprachig.
Taschenbuch, Format 15 x 21 cm DIN A5
DM 59,-
zuzügl. DM 7,- (D) / 16,- (EU) Porto
ISBN 3-929025-06-X

Mini Flacons International
On 480 pages you find more than 3300 color pictures showing mini perfume bottles from all over the world. You get a good impression on brands and fragrances. The index sorted by names of the perfumes helps to find bottles you are looking for. All descriptions are in four languages.

Paperback, size 6" x 8" (A5)
US$ 39.95 plus $ 5.- shipping (USA)
DM 59,- plus DM 16.- shipping (Europe)
ISBN 3-929025-06-X

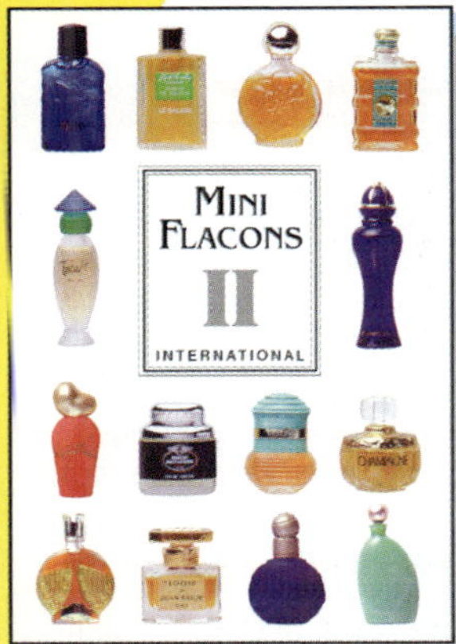

Mini Flacons International, Band 2
Band II enthält ca. 2000 weitere Parfüm-Miniaturen aus aller Welt. Aufbau und Sortierung enspricht dem oben beschriebenen Buch.
Taschenbuch, Format 15 x 21 cm (DIN A5)
DM 49,-
zuzügl. DM 7,- (D) / 16,- (EU) Porto
ISBN 3-929025-13-2

Mini Flacons International, Vol. 2
Volume II to the catalogue „Mini Flacons International", featuring 2000 new mini perfume bottles from all over the world.

Paperback, size 6" x 8" (A5)
US$ 29.95 plus $ 5.- shipping (USA)
DM 49.- plus DM 16.- shipping (Europe)
ISBN 3-929025-13-2

Preisliste Mini Flacons '96
Der Preisführer mit den aktuellen Sammlerwerten in $, DM und FF.
Achtung: Nur solange der Vorrat reicht!
DM 18,-
zuzügl. DM 3,- (D) / 5,- (EU) Porto

Mini Flacons collectors value '96
The price guide with actual collectors values in $, DM and FF.
Attention: Availability limited!
US$ 15.- plus $ 3.- shipping (USA)
DM 18.- plus DM 5.- shipment (Europe)

Telefonkartenhandbuch Japan
Sie finden eine ausführliche Einleitung "Wissenswertes über die japanische Telefonkarte", einen systematischen Teil mit allen erschienenen DenDenKoSha-Schalterkarten und ihren wichtigen Varianten. Außerdem zeigt das Buch alle bis April 1987 ausgegebenen NTT-Schalterkarten und einen programmatischen Teil mit über 10.000 Karten von weltweitem Interesse. Alle Abb. durchgehend in Farbe.
Paperback 24 x 16,5 cm
DM 49,-
zuzügl. DM 7,- (D)/ 16,- (EU) Porto
ISBN 3-9804043-8-2

Phonecard-Guidebook Japan
You find a detailed introduction „Interesting facts about japanese phonecards" and a systematic section with all published DenDenKoSha counter-cards and their most important variants. The book shows also all NTT counter-card editions published before 1987 and a programmatic section with over 10,000 cards of worldwide interest. All pictures printed in color.
Paperback, format 24 x 16.5 cm
US$ 39.95 plus $ 5.- shipping (USA)
DM 49.- plus DM 16.- shipping (Europe)
ISBN 3-9804043-8-2

Phone Card Catalogue Coca-Cola
Auf mehr als 250 Seiten finden Sie farbige Abbildungen von über 1.000 Telefon- und Wertkarten aus aller Welt. Das Buch enthält ausführliche Beschreibungen in englischer Sprache und eine Sammlerpreisbewertung in US$.
Taschenbuch, Format 15 x 21 cm (DIN A5)

DM 39,90
zuzügl. DM 7,- (D)/ 16,- (EU) Porto
ISBN 3-9804043-6-6

Phone Card Catalogue Coca-Cola
On more than 250 pages of this collectors guide the reader can find colorful pictures as well as evaluation of more than 1,000 telephone and other prepaid cards from around the world. The book contains extensive descriptions in English and an estimate collectors value for every card (in US$).
Paperback, size 6" x 8" (A5)
US$ 24.95 plus $ 5.- shipping (USA)
DM 39.90 plus DM 16.- shipping (Europe)
ISBN 3-9804043-6-6

Action Figure Collector
Der farbige Sammlerkatalog für Action Figuren gibt einen Einblick in das Sammelgebiet und enthält vieles aus den Comic -Welten von Batman, Spiderman und Superman. Der Bereich Science Fiction ist unter anderem durch Star Trek, Alien und Predator vertreten. Hinzu kommt ein großer, den Star Wars Figuren gewidmeter Teil. Erklärungen in deutscher und englischer Sprache mit Preisbewertung in D-Mark und US Dollar.
Taschenbuch, Format 15 x 21 cm (DIN A5)
DM 34,-
zuzügl. DM 7,- (D) / 16,- (EU) Porto
ISBN 3-929025-16-7

Action Figure Collector
This new colored catalogue guides you through the world of action figures and includes pictures of many comic characters like Batman, Spiderman and Superman. The science fiction section features for example Star Trek, Alien and Predator plus a big part dedicated to Star Wars figures. All descriptions are bilingual (English, German). The collectors value is given in US Dollar and German DM.
Paperback, size 6" x 8" (A5)

US$ 24.95 plus $ 5.- shipping (USA)
DM 34.- plus DM 16.- shipping (Europe)
ISBN 3-929025-16-7

New Collectors Guides are coming in the near future..

COUPON

EU D
SU Verlag · Herderstr. 28
D-65185 Wiesbaden · Germany
Tel.: 0611 - 990810 · Fax: 0611 - 9 90 81 11

USA PR CA
Collectors Mail Service L.C.
134 Springhurst Circle, FL 32746 · USA
Phone: 1-888-610-BOOK · Fax (407) 328 8315

CH
Gallerie Inauen am Hechtplatz
Schifflände 12 · CH-8001 Zürich
Tel 01 252 56 97 · Fax 01 252 62 11

F
Elysée Collector's - 9, rue Jean Mermoz
75008 Paris - France
Tel +33-1-45630270 - Fax +33-1-45630270

NL
Squiggly Trading B.V. - Bergselaan 163a
3037 BJ Rotterdam - The Netherlands
Tel: +31(0)10-4665090 - Fax +31(0)10-4655038

J
Memex Inc. - 4-9-8 Minamisenba, Chuo-ku
Osaka 542 Japan
Tel +81-6-281-2828 - Fax +81-6-258-4440

SG
Riccino Trading
23 Jln Sayang · Singapore 418642
Tel +(65) 444 7550 · Fax: +(65) 445 0679

Bestellkonditionen:
Bitte füllen Sie diesen Bestellschein in Blockbuchstaben leserlich aus. In die unten stehenden Kästchen tragen Sie bitte die gewünschte Anzahl von Exemplaren ein. Möchten Sie z.B. ein Exemplar vom "Spielzeug aus dem Ei, Hardcover" bestellen schreiben Sie in das Kästchen links nebendem Buchtitel die Zahl "1". Die Bezahlung erfolgt per Kreditkarte. In Deutschland können Sie auch per Einzugsermächtigung oder mit Scheck bezahlen. Lieferung per Nachnahme ist leider nicht möglich. Wenn Sie Ihrer Bestellung einen Scheck beilegen, vergessen Sie bitte nicht die Versandkosten.
BRD: DM 7,- · Europa: DM 16,-
USA: US$ 5.- · Asien: US$ 20.-
Vergessen Sie bitte nicht Ihr komplette Adresse und Unterschrift unten auf dem Bestellcoupon. Bestellungen in Deutschland und Europa richten Sie bitte an: SU Verlag, Herderstr. 28, 65185 Wiesbaden, Germany

How to Order:
Please complete this order Coupon by using print letters. Fill the quantity of every item In the boxes below. If you want for example one copy of the "Action Figure Collector" write the number "1" in the box left to the book title. Please pay with Credit Card. In Germany and USA we also accept cheques. Sorry but no C.O.D. available. If you are writing a cheque please include the shipping and handling fee:
Germany: DM 7,- · Europe: DM 16,-
USA, Canada and Puerto Rico: US$ 5.- ·
Asia and Oversea: US$ 20.-
Please make US cheques payable to COLLECTORS MAIL SERVICE, L.C.
Don't forget to include your whole address and sign the order at the bottom line. For orders in Europe send this order coupon to: SU Verlag, Herderstr. 28, 65185 Wiesbaden, Germany. For orders from oversea and USA please send to: CMS, 134 Springhurst Circle, Lake Mary FL, 32746, USA

☐	Title	DM	$	☐	Title	DM	$
☐	Bonello's Swatch Collector 1997/98	DM 44,00	$ 29.95	☐	Mini Flacons International I	DM 59,00	$ 39.95
☐	Spielzeug aus dem Ei Hardcover 1997/98	DM 39,00	$ 24.95	☐	Mini Flacons International II	DM 49,00	$ 29.95
☐	Spielzeug aus dem Ei, Taschenausgabe	DM 19,80	$ 15.00	☐	Priceguide to Mini Flacons Int. I + II	DM 18,00	$ 15.00
☐	Action Figure Collector 1997	DM 34,00	$ 24.95	☐	Phonecard Guidebook Japan	DM 49,00	$ 39.95
☐	Action Figure CD-ROM	DM 29,00	$ 19.90	☐	Phone Card Catalogue Coca-Cola	DM 39,90	$ 24.95

Name

Strasse
Street

PLZ/Ort
ZIP/City

Land
Country

Telefon
Phone

Telefax
Fax

Swatch97/98

Bezahlung per / Payment Type

☐ ☐ VISA ☐ MasterCard ☐ DISCOVER NOVUS No valid tru

☐ Scheck
Cheque

☐ Bankeinzug (nur BRD)
only available in Germany

Kontonummer

BLZ Bank

Datum/Date Unterschrift / Signature

BONDY & BONDY
Sammlungen aller Art
........swatch........
art...specials...displays
swatch
buy-sell-trade
original T-Shirts, Displays & Accessories
BONDY & BONDY
MUNICH/GERMANY
TEL +49-89-7853553
FAX +49-89-78 65 74
mobil 0177-2033088
"signed" limited versions:
BACK STREET BOYS-backstage set
KATARINA WITT-olympic legend
GELINDO BORDIN-marathon set
DAN JANSON-incl. poster
JOHN Mc GUIRE-splash set
OLIVER GERLING-bloody reality
JO WHALEY-super mom
MARTIN BOCAN-almscubler
WALTER WEGMÜLLER-oracolo
RASCAL-moonchild event
J.OTTO SEIBOLD-pier 39 event
MICHAEL BARTOLOS-faces set
private
COLLECTOR...
...MY OFFER:

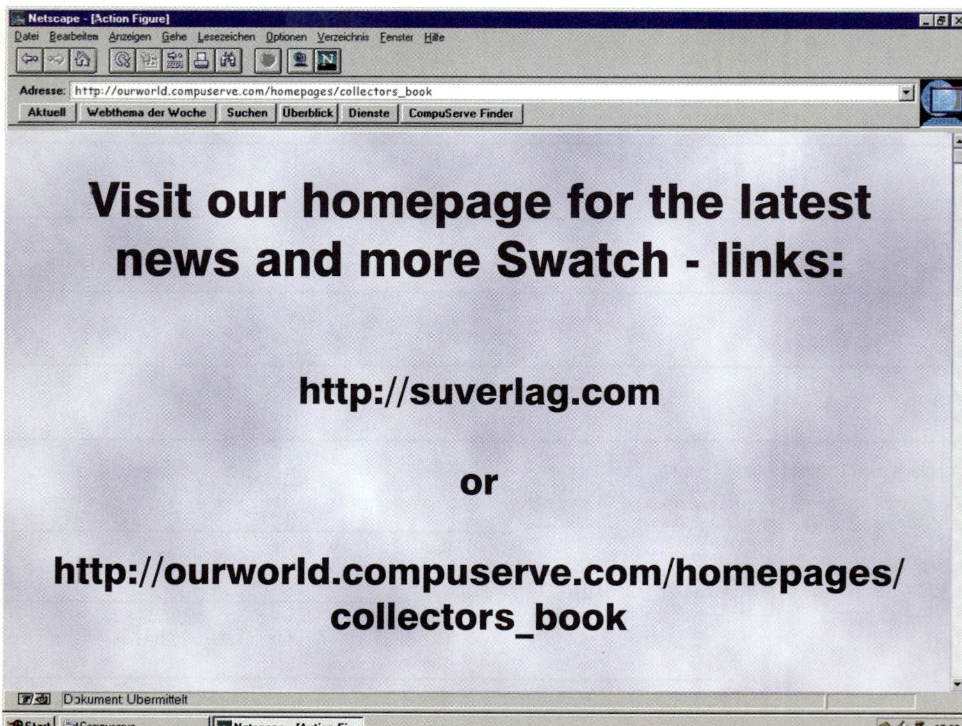

Netscape - [Action Figure]
Datei Bearbeiten Anzeigen Gehe Lesezeichen Optionen Verzeichnis Fenster Hilfe
Adresse: http://ourworld.compuserve.com/homepages/collectors_book
Aktuell Webthema der Woche Suchen Überblick Dienste CompuServe Finder
Visit our homepage for the latest news and more Swatch - links:
http://suverlag.com
or
http://ourworld.compuserve.com/homepages/collectors_book
Dokument Übermittelt
Start Compuserve Netscape - [Action Fi...
17:20

swatch store
KÖLN
Swatch-Watch
Swatch Telecom
Swatch The Club
Swatch Evergreen
Swatch Accessoires
Irony Chrono
Modell: High Tail
The Originals
Modell: Black
Hier finden Sie uns:
Hohe Straße 105 · 50667 Köln
Tel.: 02 21/25 51 88
Fax: 02 21/25 54 19
Brückenstr.
Obenmarspf.
Hohe Straße
Domplatz
Dom
HBF

Int. Swatch & Trenduhren Börsen 1998

Swatch, G-Shock, Fossil, Blue Sky, Casio u.v.m.

NORMALES · SPECIALS · ART · KATALOGE
PINS · T-SHIRT u.v.m. zum Thema SWATCH
KOSTENLOSE VERLOSUNG VON SWATCH-UHREN

25. Januar	**Essen**	Saalbau	Huyssenallee
08. Feburar	**Düsseldorf**	WBZ am HBF	Bertha-von-Suttner Platz
01. März	**Essen**	Saalbau	Huyssenallee
15. März	**Bielefeld**	Stadthalle	Willy-Brandt-Platz
22. März	**Nürnberg**	Hotel Maritim	Frauentorgraben
29. März	**Düsseldorf**	WBZ am HBF	Bertha-von-Suttner Platz
05. April	**Bochum**	Tagungsr. Starlight	Halle Stadionring
19. April	**Kassel**	Hotel Reiss	Werner-Hilpert-Strasse
26. April	**Ludwigshafen**	Pfalzbau	Berliner Strasse

Grösste Swatch & Trenduhren Börse der Welt! Auf über 1800 qm mit Händlern aus 10 Ländern!

03. Mai	**Essen**	**Saalbau**	**Huyssenallee**
10. Mai	**Hamburg**	Hotel Maritim	Kirchenallee
17. Mai	**Duisburg**	Hotel Novotel	Landfermannstrasse
07. Juni	**Siegen**	Siegerlandhalle	Koblenzerstrasse
21. Juni	**Düsseldorf**	WBZ am HBF	Bertha-von-Suttner Platz
05. Juli	**Essen**	Saalbau	Huyssenallee
02. August	**Hamburg**	Hotel Maritim	Kirchenallee
09. August	**Bochum**	Tagungsr. Starlight	Halle Stadionring
15.+16. Aug.	**Westerland/Sylt**	Tagungscenter	Friedrichstrasse
23. August	**Düsseldorf**	WBZ am HBF	Bertha-von-Suttner Platz
30. August	**Essen**	Saalbau	Huyssenallee
06. September	**Nürnberg**	Hotel Maritim	Frauentorgraben
20. September	**Ludwigshafen**	Pfalzbau	Berliner Strasse
04. Oktober	**Siegen**	Siegerlandhalle	Koblenzerstrasse
11. Oktober	**Essen**	Saalbau	Huyssenallee
18. Oktober	**Kassel**	Hotel Reiss	Werner-Hilpert-Strasse
25. Oktober	**Düsseldorf**	WBZ am HBF	Bertha-von-Suttner Platz
22. November	**Duisburg**	Hotel Novotel	Landfermannstrasse
29. November	**Bielefeld**	Stadthalle	Willy-Brandt-Platz
06. Dezember	**Essen**	Saalbau	Huyssenallee

Grösste Swatch & Trenduhren Börse Europas:

19. + 20. Dez.	**Düsseldorf**	**WBZ am Hbf**	**Bertha-von-Suttner Platz**

Jeweils SONNTAG 11.^{00} Uhr - 17.^{00} Uhr *Börsen auf Sylt + Düsseldorf im Dezember jeweils auch noch Samstag!*

TIP → Auf allen Börsen über **1000 (!) Original Swatch-Bänder** von 1983 bis heute. Und **Polierservice** für zerkratzte Uhrengläser!

Info + Buchung: SWEERS-Veranstaltungen Tel. (02102)83806, Fax: 871590
Europas grösster Veranstalter für Swatch Börsen!

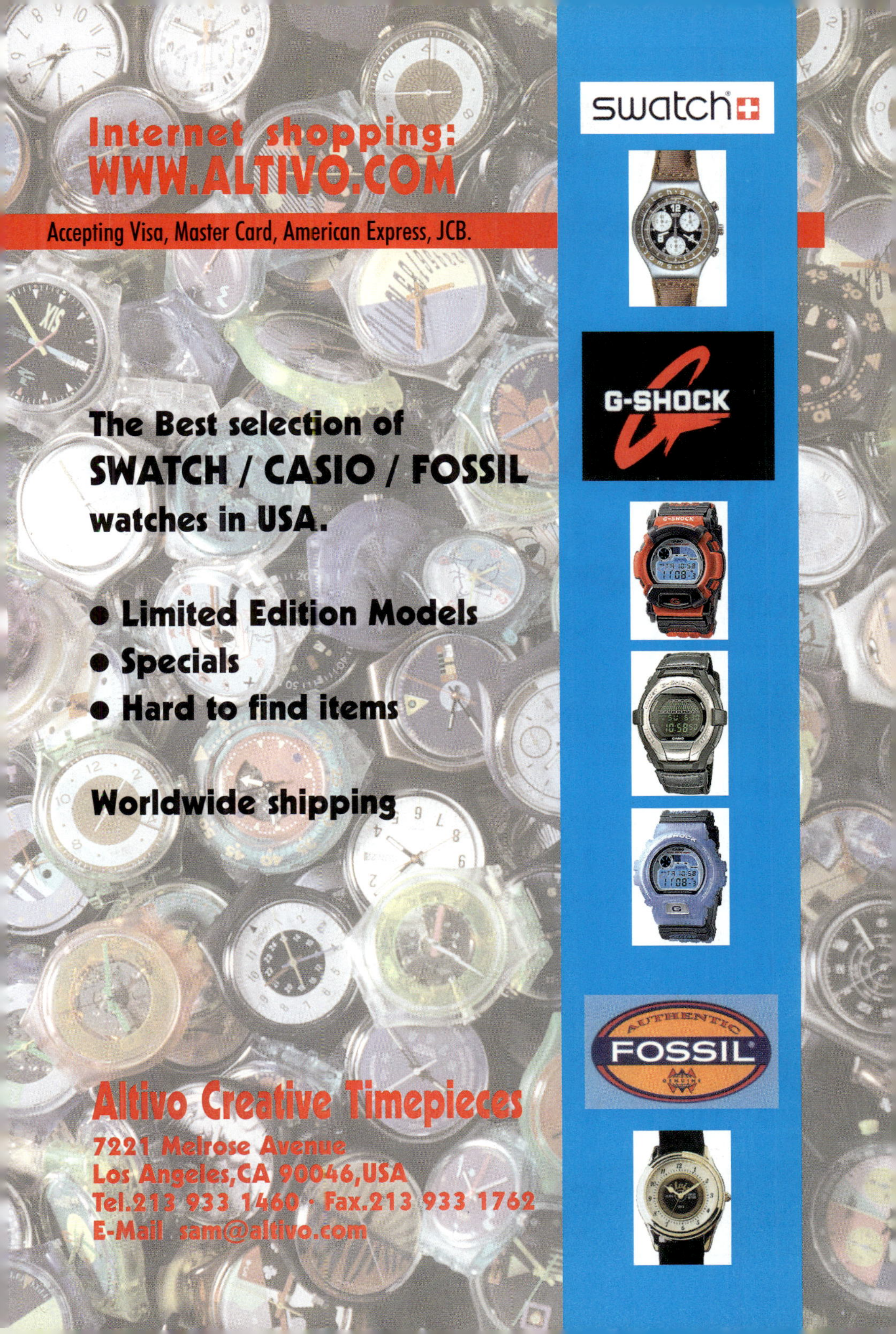
Internet shopping:
WWW.ALTIVO.COM
Accepting Visa, Master Card, American Express, JCB.
The Best selection of
SWATCH / CASIO / FOSSIL
watches in USA.
• Limited Edition Models
• Specials
• Hard to find items
Worldwide shipping
Altivo Creative Timepieces
7221 Melrose Avenue
Los Angeles, CA 90046, USA
Tel.213 933 1460 · Fax.213 933 1762
E-Mail sam@altivo.com
swatch
G-SHOCK
AUTHENTIC
FOSSIL

any kind
any place
any quantity
buy
sell
trade
best off
WATCH MY WATCHES
AUTHENTIC
FOSSIL
FSL
FESTINA
FESTINA
We ship worldwide
Baby-G
G-SHOCK
by CASIO
TAMAGOTCHI
STORM®
SWATCH
WRITE
Buchenhain 1
82065 Baierbrunn
Munich / Germany
PHONE
Tel. +49 / 89 - 793 609 44
Fax +49 / 89 - 793 87 01
Mobil +49 / 172 - 89 83 133
MAIL
E-mail: watch.my.watches@t-online.de
SURF
Internet: http://www.watchmywatches.com
CONTACT
Stefan Kastner

THE
SWATCH-
CORNER
NEW YORK CITY
2 Locations
Now in Empire State Building Lobby
#1 Swatch Selection in United States
All Old & New Collectible Swatches
We ship anywhere in the world
Need a special Swatch? Call us!
phone # 212-967-6853
fax # 212-268-9944
phone # 212-967-8333
fax # 212-643-0633
WHEN TRAVELLING TO NEW YORK SHOW THIS AD
AND RECEIVE A FREE OBSERVATORY TICKET
WITH SWATCH WATCH PURCHASE
OFFICIAL SWATCH STORE - SHOP in SHOP

GALERIE INAUEN
AM HECHT